ATZ/MTZ-Fachbuch

In der Reihe ATZ/MTZ-Fachbuch vermitteln Fachleute, Forscher und Entwickler aus Hochschule und Industrie Grundlagen, Theorien und Anwendungen der Fahrzeug- und Verkehrstechnik. Die komplexe Technik, die moderner Mobilität zugrunde liegt, bedarf eines immer größer werdenden Fundus an Informationen, um die Funktion und Arbeitsweise von Komponenten sowie Systemen zu verstehen. Fahrzeuge aller Verkehrsträger sind ebenso Teil der Reihe, wie Fragen zu Energieversorgung und Infrastruktur.

Das ATZ/MTZ-Fachbuch wendet sich an Ingenieure aller Mobilitätsfelder, an Studierende, Dozenten und Professoren. Die Reihe wendet sich auch an Praktiker aus der Fahrzeug- und Zulieferindustrie, an Gutachter und Sachverständige, aber auch an interessierte Laien, die anhand fundierter Informationen einen tiefen Einblick in die Fachgebiete der Mobilität bekommen wollen.

Oliver Schwedes · Marcus Keichel
Hrsg.

Das Elektroauto

Mobilität im Umbruch

3. Auflage

Springer Vieweg

Hrsg.
Oliver Schwedes
Critical Move
Selbstständig
Berlin, Deutschland

Marcus Keichel
Fakultät Design
Hochschule für Technik und Wirtschaft
Dresden
Dresden, Deutschland

ISSN 2628-104X ISSN 2628-1058 (electronic)
ATZ/MTZ-Fachbuch
ISBN 978-3-658-47642-7 ISBN 978-3-658-47643-4 (eBook)
https://doi.org/10.1007/978-3-658-47643-4

Die Deutsche Nationalbibliothek verzeichnet diese Publikation in der Deutschen Nationalbibliografie; detaillierte bibliografische Daten sind im Internet über https://portal.dnb.de abrufbar.

Planung/Lektorat: Stella Müller
Springer Vieweg ist ein Imprint der eingetragenen Gesellschaft Springer Fachmedien Wiesbaden GmbH und ist ein Teil von Springer Nature.
Die Anschrift der Gesellschaft ist: Abraham-Lincoln-Str. 46, 65189 Wiesbaden, Germany

Vorwort zur dritten Auflage

Wie lässt sich in unserer so schnelllebigen Zeit die dritte Auflage eines Buchs rechtfertigen, dessen Ergebnisse mittlerweile fünfzehn Jahre alt sind? Bei genauer Betrachtung erweisen sich die beschleunigten gesellschaftlichen Verhältnisse als ‚rasender Stillstand'. Damit bezeichnete der französische Philosoph, Paul Virilio, paradoxe Situationen in hochgradig mobilen Gesellschaften, wie die massenhafte Verfügung über ein Auto, deren Besitzer*innen immer häufiger im Stau stehen. Es gibt zwar keine Geschwindigkeitsbegrenzung auf deutschen Autobahnen, aber immer weniger Möglichkeiten die Höchstgeschwindigkeit auszunutzen, oder man steht im Stau. Damit beschreibt der ‚rasende Stillstand' das beunruhigende gesellschaftliche Phänomen, dass alles ständig in Bewegung ist, tatsächlich aber nichts passiert.

Dieser Eindruck bestätigt sich mit Blick auf die Entwicklung der Elektromobilität, die vor allem um das Elektro*auto* kreist. So wurden weitreichende Regierungsstrategien formuliert, mit dem Ziel, die Elektromobilität zum Leitmarkt der deutschen Wirtschaft zu entwickeln. Es wurden gewaltige Förderprogramme initiiert, mit denen die Elektroautos erforscht wurden. Leuchttürme der Elektromobilität erstrahlten Landesweit und in Schaufenstern der Elektromobilität wurden elektrisch angetriebene Fahrzeuge sicht- und erfahrbar präsentiert. Demgegenüber fällt die Bilanz nach fünfzehn Jahren ernüchternd aus, der Anteil der Elektroautos am gesamten Pkw-Bestand beträgt heute 3 % – much ado about nothing.

Vor diesem Hintergrund erscheint unser Beitrag zum Elektroauto nach wie vor sehr aktuell. Die von uns seinerzeit kritisierte, einseitig industriegetriebene und an technischen Innovationen orientierte Strategie, hat sich offensichtlich nicht bewährt. Im Angesicht des Scheiterns erfährt unsere zentrale These, dass die erfolgreiche Etablierung der Elektromobilität mit einer neuen Mobilitätskultur einhergehen muss, besondere Aufmerksamkeit. Deshalb begreifen wir das Scheitern als Chance und versuchen es noch einmal. Aber nicht ohne eingangs die Gründe für das Scheitern zu reflektieren und die zentrale Bedeutung einer politischen Strategie deutlich zu machen, wenn das Elektroauto zukünftig einen positiven Beitrag im Rahmen einer nachhaltigen Mobilitätskultur leisten soll.

Oliver Schwedes
Berlin, Deutschland

Marcus Keichel
Dresden, Deutschland

Inhaltsverzeichnis

Herausgeber- und Autorenverzeichnis

Über die Herausgeber

Dr. Oliver Schwedes
ist selbstständiger Berater zu den Themen Verkehr und Mobilität in Berlin. Von 2014 bis 2023 hat er als Gastrofessor das Fachgebiet Integrierte Verkehrsplanung geleitet.

Prof. Marcus Keichel
lehrt Designforschung und strategisches Entwerfen an der Hochschule für Technik und Wirtschaft Dresden. Er ist Industriedesigner und geschäftsführender Gesellschafter des Designstudios Läufer+Keichel.

Autorenverzeichnis

Prof. Dr.-Ing. Christine Ahrend leitet das Fachgebiet Integrierte Verkehrsplanung der Technischen Universität Berlin. Zu ihrem Ressort gehören die Bereiche Forschung, Berufungsstrategie und Transfer.

Prof. Dr. Claus Leggewie ist Ludwig Börne-Professor an der Justus-Liebig-Universität Gießen und leitet des dortigen „Panel on Planetary Thinking".

Prof. Dr. Wolfgang Ruppert leitete die Arbeitsstelle für kulturgeschichtliche Studien an der Universität der Künste Berlin.

Dr. Jessica Stock war wissenschaftliche Mitarbeiterin am Fachgebiet Integrierte Verkehrsplanung der Technischen Universität Berlin und Promotionsstipendiatin im DFG-Graduiertenkolleg „Innovationsgesellschaft heute: Die reflexive Herstellung des Neuen".

Univ.-Prof. em. Dr.-Ing. Henning Wallentowitz leitete bis 2008 das Institut für Kraftfahrwesen Aachen (IKA) an der RWTH Aachen.

Zehn Jahre Elektroauto & (k)ein bisschen klüger?

Erneutes Plädoyer für eine neue Mobilitätskultur

Oliver Schwedes und Marcus Keichel

Inhaltsverzeichnis

O. Schwedes, M. Keichel (Hrsg.), *Das Elektroauto*, ATZ/MTZ-Fachbuch,
https://doi.org/10.1007/978-3-658-47643-4_1

1

Einleitung

Das Elektroauto kommt, hatten wir 2013 in der Erstauflage optimistisch geschrieben. Die Bundesregierung hatte gerade entschieden, den Ausbau des Elektro*verkehrs*[1] über das Jahr 2012 hinaus mit Millionenbeträgen zu fördern – eine Millionen Elektroautos sollten um 2020 auf deutschen Straßen unterwegs sein.

Akteure aus Politik, Forschung und Industrie

Damals war es vier Jahre her, dass die ersten Mittel aus dem *Konjunkturpaket II* freigegeben und damit der *Nationale Entwicklungsplan Elektromobilität* in Gang gesetzt wurde – seither hatte sich Einiges getan: Die deutsche Autoindustrie hatte die Entwicklung von Elektroautos in Angriff genommen und bewarb ihre Konzepte bereits vor Verkaufsstart. Bis Ende 2014, so hatte sie zugesagt, sollten 15 verschiedene Modelle aus deutscher Produktion erhältlich sein. Auch die Medien hielten das Thema hoch. Vor allem die überregionalen Zeitungen berichteten mit Regelmäßigkeit über die Aktivitäten der beteiligten Akteure aus Politik, Forschung und Industrie. Allerdings waren diese Berichte nach anfänglicher Euphorie zunehmend sachlicher und bisweilen skeptischer geworden. Anfang 2013 war beispielsweise zu lesen, dass von Januar bis November 2012 in Deutschland lediglich 2695 Elektroautos zugelassen wurden – das entsprach 10 % der von der Industrie geplanten Menge. Etwa zur gleichen Zeit wurde publik, dass der Premiumhersteller Audi angesichts der schleppenden Nachfrage nach Elektroautos seine Entwicklungsprojekte eingestellt hat. Der Verband der Automobilindustrie ging davon aus, dass mit einem „Markthochlauf mit höheren Stückzahlen" erst in der zweiten Hälfte des Jahrzehnts zu rechnen ist.[2]

Heute, gut zehn Jahre später, hat sich an der Situation nicht viel geändert. In 2024 gab es 1,5 Mio. Elektroautos in Deutschland, das sind rund 3 % des gesamten Pkw-Bestands. Andere Länder haben die Zeit genutzt und die Elektrifizierung soweit vorangetrieben, das die deutschen Autobauer auf dem internationelen Markt mittlerweile nicht mehr mithalten können. Zum einen schrumpft der Absatzmarkt für Verbrennungsfahrzeuge insbesonder in China, weil das Land konsequent den Elektroverkehr vorantreibt und zugleich den Verbrenner benachteiligt. Zum anderen sind die deutschen Elektroautos im internationen Vergleich viel zu teuer, weil die kostspielige Verbrennerproduktion bis heute nicht den spezifischen Anforderungen von Elektrofahrzeugen entsprechend umgestellt und effizienter organisiert wurde. Schließlich liegen die CO_2-Emissionen der deutschen Automobilbauer deutlich über den seit 2025 in der Europäischen Union geltenden Grenzwerten, sodass empfindliche Strafenzahlungen drohen. Im Ergebnis hat der Verkehrssektor bis heute keinen Beitrag zur Reduktion der Klimagase geleistet.

1 Im Gegensatz zu dem in der öffentlichen Debatte häufig verwendeten Begriff Elektro*mobilität* sprechen wir bewusst von Elektro*verkehr*. Unter Mobilität verstehen wir den Möglichkeitsraum potenzieller Ortsveränderungen (Beweglichkeit) aus individueller Sicht, während demgegenüber Verkehr die aus der Beobachterperspektive wahrnehmbare physische Bewegung im Raum bezeichnet (vgl. Schwedes et al. 2023). Folglich bemisst sich die Mobilität eines Menschen nicht nach dem Aufwand physischer Bewegung im Raum, sondern nach der persönlichen Wahrnehmung von Möglichkeitsräumen. Eine Person die gezwungen ist, jeden Tag 100 km zum Arbeitsplatz zu pendeln, ist somit nicht automatisch mobiler als jemand, der seinen Arbeitsplatz zu Fuß erreicht.

2 Süddeutsche Zeitung, 12./13. Januar 2013.

Damals wie heute gilt, das Elektroauto wird kommen. Offen ist aber mittlerweile, ob es sich auch bei den *deutschen* Autobauern durchsetzt und zu einem ernst zu nehmenden Träger unserer Mobilitätskultur wird. Andernfalls wird Deutschland zukünftig ein Land ohne Automobilindustrie sein. Es stellt sich weiterhin die Frage, wovon dies abhängt. Vor dem Hintergrund des verlorenen Jahrzehnts, erfolgt zunächst ein Blick zurück, um die Gründe für die bisher so unbefriedigende Entwicklung zu ermitteln und Hinweise dafür zu erhalten, wie die Rahmenbedingungen positiv beeinflusst werden können (◘ Abb. 1.1).

Widerstände gegen das Elektroauto

Ein kultureller Wandel vollzieht sich erfahrungsgemäß konfliktreich (vgl. Hoor 2024). Diejenigen gesellschaftlichen Akteure, die von der etablierten Kultur bisher profitiert haben, sehen sich neuen gesellschaftlichen Akteuren gegenüber, die neue Werte vertreten und eine andere Lebensweise favorisieren. Dabei sehen sich die ‚Newcomer' anfangs mit „mentalen Infrastrukturen" (Welzer 2011) konfrontiert, die für die meisten Menschen selbstverständlich handlungsleitend sind und daher kaum infrage gestellt

◘ **Abb. 1.1** Elektricity Berlin. (Quelle: Integrierte Verkehrsplanung, TU Berlin)

werden. Im Ergebnis zeichnen sich etablierte Kulturen durch starke Beharrungskräfte aus und kultureller Wandel vollzieht sich dementsprechend langsam.

Das gilt auch für den mit dem Elektroauto angestrebten Wandel von der fossilen zu einer post-fossilen Mobilitätskultur. Während das auf fossilen Energieträgern basierende aktuelle Verkehrssystem dem Paradigma ‚höher, schneller, weiter' folgt und ständig wachsende Verkehrsmengen immer schneller über immer größere Distanzen organisiert, muss ein nachhaltiges Verkehrssystem, das auf erneuerbare Energien setzt, darauf gerichtet sein, weniger Verkehr zu erzeugen, die Geschwindigkeit zu reduzieren und die zurückzulegenden Entfernungen zu minimieren (vgl. Schwedes 2021). Dementsprechend wird ein Elektroauto nur dann einen Beitrag zu einer nachhaltigen Verkehrsentwicklung leisten, wenn es klein ist, langsam fährt und geringe Distanzen zurücklegt.

Wie schwer es ist, einen solchen kulturellen Paradigmenwechsel zu vollziehen, hat jüngst noch einmal die Debatte um eine Geschwindigkeitsbegrenzung auf deutschen Autobahnen gezeigt. Die Argumente dafür sind seit Jahrzehnten ausgetauscht und wurden vor kurzem aus Anlass der aktuellen Debatte noch einmal zusammengefasst (vgl. UBA 2020). Während alle benachbarten europäischen Länder aus sicherheitspolitischen Gesichtspunkten schon lange eine Geschwindigkeitsbegrenzung eingeführt haben, kommen heute umweltpolitische Gesichtspunkte hinzu. Dass sich die Kultur der ‚freien Fahrt für freie Bürger' in Deutschland dennoch so lange gehalten hat, erklärt sich vor allem vor dem Hintergrund der wirtschaftlichen Bedeutung der heimischen Automobilindustrie.

Umweltschädliche Fehlsubventionen

In der Vergangenheit wurde immer wieder darauf hingewiesen, dass es in der Schweiz eine ausgeprägte Eisenbahnkultur gibt, weil das Land über keine Automobilindustrie verfügt. Dementsprechend gilt für Deutschland, dass die deutschen Automobilkonzerne aufgrund ihrer wirtschaftlichen Bedeutung in der Lage sind, starken politischen Einfluss auszuüben (vgl. Deckwirth 2025). Die Auswirkungen lassen sich an den umweltschädlichen Fehlsubventionen im Verkehrssektor ablesen (vgl. UBA 2021). Demnach werden Dienstwagen jährlich mit rund 3 Mrd. EUR steuerlich begünstigt, womit vor allem großevolumige Premiumfahrzeuge subventioniert werden. Die Entfernungspauschale schlägt jährlich mit rund 5 Mrd. EUR zu Buche und unterstützt das Pendeln mit dem privaten Auto über immer größere Distanzen. Schließlich wird trotz Dieselskandal der Dieselkraftstoff weiterhin jährlich mit 7 Mrd. EUR steuerlich subventioniert. Allein mit diesen drei Fehlsubventionen, die zusammen rund 15 Mrd. EUR umfassen, könnte man jährlich eine Eisenbahnstrecke München/Berlin bauen und hätte noch fünf Milliarden Euro übrig, die man beispielsweise in den Radverkehr investieren könnte. Nach zehn Jahren hätten wir im Eisenbahnverkehr schweizer und im Radverkehr niederländische Verhältnisse.

Der politisch-industrielle Komplex Autoindustrie

Oder man nutzt die umweltschädlichen Fehlsubventionen, um sie in den Ausbau der Ladeinfrastruktur und die Entwicklung neuer Technologien im Bereich des Elektroverkehrs zu investieren. Das dies nicht schon in den letzten zehn Jahren geschehen ist, liegt insbesonderer an den Widerständen der Automobilkonzerne. Wie eine von KPMG durchgeführte Meinungsumfrage bei Führungskräften zeigt, herrschten dort noch bis vor kurzem große Vorbehalte gegenüber Elektroautos: „Am größten ist die Skepsis ausgerechnet bei Firmenchefs und Aufsichtsratsvorsitzenden ausgeprägt. Satte 72 % der weltweit befragten 229 Auto-Bosse sagen das Aus für Batteriefahrzeuge voraus" (Manager Magazin, 10.01.2018). Der Chef des Volkswagenkonzerns, Herbert Diess, sah sich daraufhin gezwungen, in einer Brandrede an die Mitarbeiter*innen zu appellieren, radikal umzusteuern und die Entwicklung des Elektroverkehrs zu beschleunigen (vgl. Manager Magazin, 11.03.2020).[3]

Von der grundsätzlichen Skepsis gegenüber Elektroautos abgesehen, produzieren die Hersteller vor allem schwere Elektrofahrzeuge mit geringer Reichweite (vgl. Hörmandinger 2019). Das widerspricht den Anforderungen einer nachhaltigen Verkehrsentwicklung, die auf kleine, leichte Fahrzeuge angewiesen ist. Dieser nicht nachhaltige Entwicklungstrend wird von den Herstellern zusätzlich befeuert, indem sie immer neue Sport Utility Vehicles (SUV) und Geländewagen auf den Markt bringen und massiv bewerben. In der Folge nehmen die Zulassungszahlen dieser schweren Fahrzeuge seit Jahren zu und hat die vierzig Prozent mittlerweile überschritten.

Demgegenüber gehen Marktanalysten davon aus, dass vor allem kleine und erschwingliche Modelle dazu beitragen werden, den Übergang zum Massenmarkt zu schaffen (Dataforce 2024). Bei VW ist der E-Kleinwagen ID.2 aber erst für Ende 2025 angekündigt, in größeren Stückzahlen wird es das Modell wohl erst im Laufe von 2026 geben.

Die Macht der Energiekonzerne

Schließlich fehlt bis heute eine angemessene Ladeinfrastruktur, laut Bundesnetzagentur gab es 2024 114.794 Normalladepunkte und 31.063 Schnellladepunkte. Wie im Fall der Produktion von Elektroautos, hat die Politik auch den Aufbau einer Ladeinfrastruktur weitgehend privaten Unternehmen bzw. dem Markt überlassen. Dabei haben die vier großen deutschen Energiekonzerne ein neues Geschäftsfeld vermutet und eigenmächtig damit begonnen Ladesäulen im öffentlichen Raum aufzustellen. Hier, wie schon im Fall der Automobilbauer, ließen sich auch die Energiekonzerne jedoch nicht in eine nachhaltige Verkehrsentwicklungsstrategie einbinden (vgl. Schwedes 2018). Wenn beispielsweise das Energieunternehmen RWE von Stadtvertretern eingeladen wurde, öffentliche Stellplätze für Carsharing Autos mit Ladesäulen auszustatten, damit die Carsharing-Flotten elektrifiziert werden können, verweigerte sich der Konzern. Stattdessen haben sie die Standorte ihrer Ladesäulen danach ausgesucht, ob dort mit viel Publikumsverkehr zu rechnen ist, um das eigene Firmenlogo werbewirksam präsentieren zu können.

Das Fehlen einer nachhaltigen Verkehrsentwicklungsstrategie

Insgesamt fehlte in den letzten zehn Jahren eine verkehrspolitische Strategie, in der das Elektroauto einen Beitrag zu einer nach-

3 Damals sah es kurz so aus, als ob ein Umdenken stattfinden könnte, so hatte immerhin auch der Firmen-Patriarchen, Wolfgang Porsche, vorgeschlagen, die Dieselsubventionen abzuschaffen und stattdessen für Investitionen in den Elektroverkehr zu nutzen (vgl. Süddeutsche Zeitung, 06.03.2020).

haltigen Verkehrsentwicklung leisten kann. Eine verkehrspolitische Strategie für den Elektroverkehr sollte ursprünglich die 2010 gegründete *Nationale Plattform Elektromobilität* (NPE) entwickeln. Dabei handelte es sich um ein 170 Personen umfassendes Beratungsgremium der damaligen Bundesregierung. Ein genauer Blick auf die Kommissionsmitglieder zeigt eine Dominanz von Industrievertretern insbesondere aus der Fahrzeug- und Elektroindustrie (vgl. Sternkopf und Nowack 2016, S. 386 ff.). Durch den starken Einfluss der Automobil- und Energiekonzerne, wurde das Thema Elektroverkehr zunehmend auf technische Lösungen und das private Elektroauto reduziert. Die anfangs noch programmatisch formulierte Verkehrsträger übergreifende Gesamtstrategie im Sinne einer nachhaltigen Verkehrsentwicklung war schon bald nicht mehr zu erkennen.

Ende 2018 wurde die NPE formal aufgelöst, ihre Arbeit wird seitdem von der *Nationalen Plattform Zukunft der Mobilität* (NPM) fortgesetzt, die den Bundesverkehrsminister berät. Die NPM verfolgt eine programmatische Gesamtstrategie, in der das private Elektroauto allenfalls einen Baustein unter anderen bildet: „Ziel der NPM ist die Entwicklung von verkehrsträgerübergreifenden und -verknüpfenden Pfaden für ein weitgehend treibhausgasneutrales und umweltfreundliches Verkehrssystem, welches sowohl im Personen- als auch im Güterverkehr eine effiziente, hochwertige, flexible, verfügbare, sichere, resiliente und bezahlbare Mobilität gewährleistet“.[4]

„Gegen jeden Menschenverstand“

Seitdem war die Zusammensetzung der Gremiumsmitglieder*innen deutlich ausgewogener als in der Vorgängerorganisation, sodass dann für kurze Zeit auch Umweltverbände zu Wort kamen und verkehrspolitische Kontroversen öffentlich zur Diskussion gestellt wurden. Als jedoch die Expert*innen einer Arbeitsgruppe restriktive Handlungsempfehlungen wie Geschwindigkeitsbegrenzungen und die Abschaffung des Dieselsteuerprivilegs empfahlen, kritisierte der Verkehrsminister dies als „gegen jeden Menschenverstand“ (Handelsblatt, 19.01.2019).[5] Das Beispiel zeigt exemplarisch, dass bis heute noch nicht von einer verkehrspolitischen Gesamtstrategie gesprochen werden kann.

Elektroauto als Träger unserer Mobilitätskultur

Elektroverkehr, also das Elektroauto samt der dazugehörigen Infrastruktur, ist eine komplexe Materie, um deren Realisierung gerungen wird. Allein die Tatsache, dass Akteure aus so unterschiedlichen Feldern wie Forschung, Politik und Wirtschaft diesen Prozess mitgestalten und ihre Perspektiven und Interessen einbringen, birgt Reibungspotenzial. Auch innerhalb der einzelnen Disziplinen herrscht nicht überall Konsens, naturgemäß konkurrieren verschiedene Ansätze miteinander. Vor diesem Hintergrund besteht nicht nur Ungewissheit über das *ob* der Durchsetzung des Elektroautos zu einem Objekt der Mobilitätskultur, sondern auch über das *wie*. Ungeachtet dieser Offenheit zeichnet sich ab, dass die bisherige Debatte über den Elektroverkehr stark positivistisch zentriert ist. Vielfach existiert die Vorstellung, der Elektromotor werde über kurz oder lang den Verbrennungsmotor entweder ergänzen (Hybridtechnologie) oder einfach ersetzen. Die Verbraucher*innen würden vom konventionellen Automobil allmählich zum Elektroauto wechseln, ohne dass dies mit größeren Umstellungen oder

4 ► https://www.plattform-zukunft-mobilitaet.de/.

5 Mit dem Ende der 19. Legislatur, stellte auch die NPM, im Dezember 2021, ihre Arbeit ein.

gar Einschränkungen im Gebrauch des Automobils verbunden wäre. Die veröffentlichte Meinung ist geprägt vom Glauben an den technologischen Fortschritt, der den Zielkonflikt zwischen notwendiger Ressourcenschonung und unbegrenzter Individualmobilität scheinbar aufheben kann. Der Grund für die Dominanz dieser Position liegt auf der Hand: Sehr attraktiv erscheint die Verheißung, die ‚Technik' werde es richten und wir Menschen in den hoch entwickelten Gesellschaften können so weiterleben wie bisher (vgl. Schwedes in diesem Band).

Zielkonflikt zwischen Ressourcenschonung und Individualmobilität

An diesem Punkt knüpft der vorliegende Band an. Die Autoren hegen Zweifel an einer einseitig fortschrittsgläubigen Perspektive und gehen vielmehr davon aus, dass die Initiative zum Elektroverkehr im Sinne ihrer ökologischen Zielsetzungen nur dann erfolgreich sein kann, wenn sie von einem Prozess politischer und kultureller Reformen begleitet wird. Eine umfassend erneuerte Energiepolitik (regenerative Energien) und ein verändertes Mobilitätsverhalten der Bürger erscheinen in dieser Perspektive als notwendige Kriterien für eben diesen Erfolg.

Gerade der Verkehrssektor hat eindrücklich demonstriert, dass technologischer Fortschritt und ökonomische Wohlfahrt nicht automatisch zu einer nachhaltigen Entwicklung führen. Obwohl hier jahrzehntelange technologische Innovationserfolge zu verzeichnen sind, etwa beim Bau immer effizienterer Motoren, ist das Verkehrswesen heute der einzige Sektor, in dem die CO_2-Emissionen weiter steigen. Effizienzgewinne durch technologische Innovationen werden aufgrund des bis heute anhaltenden absoluten Verkehrswachstums immer wieder überkompensiert. Um eine ähnlich widersprüchliche Entwicklung beim Elektroverkehr zu vermeiden, bedarf es offenkundig des Muts zu politischer Regulierung, auch wenn es um so unpopuläre Maßnahmen geht, wie zum Beispiel die subventionspolitische Neubewertung des Individualverkehrs zugunsten anderer Verkehrsträger.

Primat der Politik

Nicht zuletzt die eingangs skizzierten letzten zehn Jahre haben gezeigt, dass echter Fortschritt nur dann realisiert werden kann, wenn sich das Primat der Politik gegenüber der Wirtschaft Geltung verschafft und politischer Gestaltungswille auf überkommene gesellschaftliche Tradierungen einwirkt. So war zum Beispiel die Einführung der Kanalisation mit Hausanschluss am Ende des 19. Jahrhunderts – in der heutigen Bewertung eine gänzlich unstrittige zivilisatorische Errungenschaft – Teil der politischen Auseinandersetzungen im Rahmen der Hygienebewegung und von heftigen Konflikten begleitet. Die Menschen wehrten sich aus verschiedenen Gründen gegen einen Eingriff in ihren Lebensalltag, wodurch die Umsetzung der technischen Innovation schließlich um Jahrzehnte hinausgezögert wurde. Damals waren es die politisch verantwortlichen Stadtvertreter, die im Sinne des Gemeinwohls und gegen den massiven Widerstand aus der Bevölkerung, die Kanalisation durchsetzten.

Zivilisatorische Errungenschaft

Es gibt aber auch aktuelle Beispiele, die politische Handlungsmacht im Sinne des Gemeinwohls verdeutlichen. Wer hätte gedacht, dass von heute auf morgen ein europaweites Rauchverbot durchgesetzt werden könnte? Damit wurde eine weithin etablierte Kulturtechnik von der Politik zum Wohle der Allgemeinheit kurzerhand aus der Öffentlichkeit verbannt. In diesem Fall allerdings ohne extreme Widerstände überwinden zu müssen. Im Unterschied zum historischen Beispiel der Abwasserentsorgung, war die Bevölkerung in diesem Fall, entgegen dem vorherrschenden Eindruck, mental offensichtlich vorbereitet. Der Politik kam hier die Aufgabe zu, einen jahrzehntelang währenden zivilgesellschaftlichen Aufklärungsprozess abschließend einer kollektiv bindenden Entscheidung zuzuführen. Auch der politisch herbeigeführte Atomausstieg wäre in diesem Zusammenhang der Betrachtung wert: So widersprüchlich dieser, Ende der Neunzigerjahre von der rot-grünen Regierung eingeleitete Prozess von der christlich-liberalen Regierung unter dem Eindruck der japanischen Atomkatastrophe 2011 letztlich bestätigt wurde, unterstreicht er doch eindrucksvoll den potenziellen Handlungsspielraum der Politik. Zugleich markiert der Atomausstieg eine energiepolitische Wende hin zu erneuerbaren Energien, die nicht weniger als ein unverzichtbares Kriterium für den ökologischen Erfolg des Elektroautos darstellen.

Politische Steuerung und Aufklärung

Da man in einer demokratischen Gesellschaft Veränderungen – zum Beispiel im Mobilitätsverhalten der Bevölkerung – weder verfügen noch über weitreichende Verbote erzwingen kann und will, müssen die Maßnahmen der politischen Steuerung von Aufklärungsinitiativen begleitet werden. Eine Revision des bisweilen mythischen Kults um das Auto wäre dabei ein wichtiges Ziel. Hierfür wiederum ist die kulturgeschichtlichkritische Auseinandersetzung mit der Entstehung und Bedeutung dieses Kults sowie der historisch gewachsenen Fixierung auf das Auto als einem Leitprodukt moderner Verkehrsentwicklung und distinktiven Konsums unverzichtbar (vgl. Ruppert in diesem Band). Ferner kommt der kritischen Betrachtung aktueller Designentwicklungen zum Thema Elektroauto eine wichtige Bedeutung zu. Denn die von den Designern kreierte Symbolik bestimmt in erheblicher Weise über die Beschaffenheit der emotionalen Beziehung zu diesem Produkt. Vom Design der Elektroautos wird es maßgeblich abhängen, ob es gelingt, die mentale Fixierung aufs Auto als einem Objekt übersteigerter Kraft-, Geschwindigkeits- und Prestigesehnsüchte zu lockern und stattdessen neue und letztlich humanere Sinnbezüge zu realisieren (vgl. Keichel in diesem Band).

Leitprodukt moderner Verkehrsentwicklung

Wir sind davon überzeugt, dass die ‚ökologische Frage' heute eine vergleichbare Herausforderung darstellt wie die ‚soziale Frage' im 19. Jahrhundert. Wie damals geht es um einen wertebezogenen umfassenden kulturellen Wandel im Sinne des Gemeinwohls. Für die Bewältigung der ökologischen Herausforderungen ist der Verkehrssektor von erheblicher Bedeutung. Soll sie zum Erfolg führen, muss die Einführung des Elektroverkehrs mit weitreichenden kulturellen Reformen des Mobilitätsverhaltens der Bürger verknüpft werden (vgl. Ahrend/Stock in diesem Band). Aufgrund der Bedeutung des Autos als Wirtschaftsträger und der vielfach nachgewiesenen libidinösen Besetzung privaten Autobesitzes, müssen die handelnden Akteure, ebenso wie dies früher schon und in anderem Zusammenhängen der Fall war, mit erheblichen Widerständen sowohl von Interessengruppen als auch von Teilen der Bevölkerung rechnen. Dieser kann letztlich nur über einen klar artikulierten politischen Willen, Aufklärungsarbeit und die Erarbeitung positiver Alternativen relativiert werden.

Die ökologische Herausforderung

Die Autoren des hier vorliegenden Bandes möchten einen Beitrag zu diesem Prozess leisten. Sie plädieren dafür, die Entscheidung für den Elektroverkehr als Chance zu nutzen, die Gesamtheit der Erfahrungen, die sich mit der über einhundertjährigen Geschichte der ‚Automobilität' verbinden, einer kritischen Revision zu unterziehen. Das Elektroauto, so unser Plädoyer, sollte den Ausgangspunkt für eine Reform der Mobilitätskultur moderner Gesellschaften bilden. Ziel dieser Reform müsste es sein, den bisweilen irrationalen Kult um Mobilität zu mildern und die Bereitschaft zu einem ausgewogeneren Verhältnis im Gebrauch kollektiver Verkehrssysteme einerseits und dem Privatauto andererseits zu fördern.

Der Kult um Mobilität

Hierzu müsste die Mobilitätsform des ‚Gefahren-Werdens' gegenüber dem ‚Selbst-Fahren' emotional neu bewertet werden. Dies scheint schwierig, aber auch hier macht die historische Entwicklung deutlich, dass Umdeutungen dieser Art prinzipiell möglich sind: Lange Zeit verband sich mit dem Reiten zu Pferde ein Ausdruck der Stärke und Macht von Kriegern und Herrschenden. Als im 16. Jahrhundert dann ‚Prunkwagen' entwickelt wurden, wechselten die Herrschenden vom Pferd auf die Kutsche. Gefahren-Werden galt nun als Zeichen der privilegierten Stellung in der Gesellschaft und war deshalb attraktiver als das Selbst-Steuern. Diese Deutung hatte bis zu den Anfängen der Automobilisierung Gültigkeit: Gottlieb Daimler zum Beispiel, so wird behauptet, ging noch davon aus, dass sich maximal 5000 Automobile verkaufen ließen, weil es zu seiner Zeit nicht mehr Chauffeure gab.

Lockerung der mentalen Fixierung auf das Automobil

Wenn das Gefahren-Werden über einen langen Zeitraum höher besetzt war als das Selbst-Fahren, ist es vorstellbar, dass dies in Zukunft wieder so sein könnte. Entscheidend ist der Sinnbezug, den die Menschen zu der jeweiligen Mobilitätsform herstellen. Als Ausdruck eines auf Vernunft und Verantwortung gründenden modernen Lebensstils könnte das Gefahren-Werden in kollektiven Verkehrssystemen in ähnlicher Weise Bedeutung erlangen wie Heizenergie sparen oder Müll trennen. Voraussetzung hierfür wäre jedoch ein attraktives Angebot an kollektiven Verkehrssystemen und die Lockerung der mentalen Fixierung eines Großteils der Bevölkerung auf das Automobil. Dabei soll das Auto weder verteufelt oder gar abgeschafft werden. Vielmehr geht es darum, es über einen maßvolleren und weniger getriebenen Gebrauch in seiner eigentlichen Qualität neu zu entdecken.

Es spricht Einiges dafür, dass ein weniger exzessiver und zugleich entschleunigter Gebrauch des Automobils die Lebensqualität eher steigert als mindert – ganz abgesehen von den positiven ökologischen Effekten. Gelänge es, die Einführung des Elektroautos mit einem Paradigmenwechsel in Sachen Mobilitätskultur zu verbinden, so verschöben sich nicht zuletzt die Kriterien, nach denen die (Alltags-)Tauglichkeit der Elektroautos zu bewerten wäre. Was im Vergleich mit den verbrennungsmotorbetriebenen Autos bislang immer als Schwäche gedeutet wurde, könnte sich dann durchaus als Stärke erweisen.

„Herrschaft über Raum und Zeit“

Zur Kulturgeschichte des Automobils

Wolfgang Ruppert

Inhaltsverzeichnis

O. Schwedes, M. Keichel (Hrsg.), *Das Elektroauto*, ATZ/MTZ-Fachbuch,
https://doi.org/10.1007/978-3-658-47643-4_2

2

Einleitung

2012 gilt als das Jahr mit den höchsten Benzinpreisen in der Geschichte des Autos. Dennoch stieg die Zahl der Sprit fressenden Geländewagen auf einen Anteil von 16 % am Neuwagenverkauf weiter an. Mittlerweile (2024) liegt der Anteil sogar bei 30 %. Modelle wie Porsche Cayenne erfreuen sich international großer Beliebtheit. Dieses Auto verbindet das langfristig aufgebaute Prestige des Sportwagens Porsche mit der bulligen Form einer Limousine, die sich über das Normalniveau anderer Autos erhebt und die Vorzüge des Komforts eines Wagens der Luxusklasse in sich bündelt. Gleichzeitig werben die Umweltverbände seit den 1980er-Jahren für den Ankauf von Neuwagen mit niedrigem Benzinverbrauch und für eine Geschwindigkeitsbegrenzung auch in Deutschland.

Symbolische Bedeutung des Autos

Diese Tatsache zeigt, dass das Auto keineswegs allein in seiner Bedeutung als Nutzfahrzeug zu erfassen ist. Vielmehr sind in seiner Konstruktion und Ausstattung wesentliche kulturelle und symbolische Eigenschaften eingeschrieben, die auch in der Gegenwart ihre meist unbewusste Wirkung entfalten. Versucht man die schädlichen Folgen der Autokultur einzudämmen oder durch eine Neukonzeption dieses Dings zu beseitigen, so ist es eine Voraussetzung für den Erfolg aller Bemühungen, diese symbolischen Bedeutungen zu kennen. Sie müssen in die Konzepte zur Weiterentwicklung des Autos einfließen.

Zwar ist beim ersten Schritt in die Elektromobilität die Umstellung des Antriebs auf einen Elektromotor ein sinnvolles Ziel. Doch ist keineswegs gesichert, ob die bislang nicht überwundenen Schwierigkeiten mit neuen technischen Lösungen beseitigt werden können. In der ersten Phase des Elektroautos von um 1900 bis in die frühen 1920er-Jahre, war es nicht möglich, den Nachteil der beschränkten Nutzungsreichweite durch die begrenzte Kapazität der Batterie zu beseitigen. Damals war Deutschland eine der führenden Nationen in der Elektrotechnik und im Bau von Elektromotoren.

Im letzten Jahrzehnt werden erneut große Anstrengungen hierzu unternommen, um bessere technische Lösungen für den Energiespeicher des elektrischen Antriebs zu finden. Auch die Entwicklung neuer Werkstoffe für eine leichtere Bauweise von Chassis und Karosserie sind ein zusätzlicher, Ertrag versprechender Weg. Doch nach aller historischen Erfahrung haben technische Innovationen auch häufig gleichzeitig Nebenwirkungen und Folgen, die erst mit Zeitverzug erkennbar werden. Dies kann sich auch im Kontext der Elektromobilität erweisen.

Kulturelle Gebrauchseigenschaften

Die technischen Innovationen ersetzen nicht die Notwendigkeit zu erkennen, welche Bedeutung das Auto für die westliche Moderne besitzt, denn auch das Elektroauto bleibt Teil der längeren Objektgeschichte des Autos. Diese besteht eben nicht allein aus technischen Daten, sondern ebenso aus kulturellen Gebrauchseigenschaften für die Nutzer.

Gewinn für den Handlungsspielraum des Menschen

Die Akzeptanz neuer Konzepte für das Auto bleibt an die Qualität kultureller Eigenschaften gebunden. Der weltweite Erfolg des Autos als Objekt der industriellen Massenkultur zeigt sich in der Gegenwart gerade in den wirtschaftlich aufstrebenden Nationen wie China oder denen Lateinamerikas. Wie an keinem anderen Objekt erweist sich am Auto auch international der Wert von kulturellen und symbolischen Eigenschaften in der globalen, modernen Zivilisation, die in die Konstruktion und das Design des Autos eingeschrieben sind. Es ist zudem unverzichtbar, den bisherigen Gewinn für den Handlungsspielraum des Menschen, für seine „Herrschaft über Raum und Zeit“ mit zu bedenken, wenn über die Elektromobilität hinaus an einer sinnvollen Neukonzeption dieses Dings gearbeitet wird.

Dabei ist die kulturelle Vorstellung von den Handlungspotenzialen und symbolischen Aufladungen dieses Dings zentral. Sie entscheidet beim Neuentwurf über den Erfolg oder Misserfolg. Sie muss überdacht und in Hinblick auf ihre ökologischen Folgen neu konzipiert werden.

Ökologische Moderne

Dies sind zum gegenwärtigen Zeitpunkt offene Fragen. Die notwendige Neuformulierung der Moderne, die im Erfahrungszusammenhang des Klimawandels auf eine ökologische Moderne gerichtet ist, kann als ein kreatives Projekt unserer Gegenwart für die menschliche Zivilisation gelten. Dafür ist es unerlässlich, die eigene Gegenwart in ihre langfristigen Entstehungszusammenhänge einordnen und erkennen zu können. Nur so werden sinnvolle Konzepte und überzeugende technische Innovationen für die Zukunft entstehen können. Die professionellen Entwerfer in den Büros und die „Entscheider“ in Unternehmen und Politik benötigen hierfür ein kulturgeschichtliches Hintergrundwissen, das ihnen Tiefenschärfe in ihren Urteilen ermöglicht.

Der folgende Text ist eine kurze Objektgeschichte des Autos, die dessen Eigenschaften als ein zivilisatorisches Handlungspotenzial des Menschen analysiert. Sie ist in ihrer Vielschichtigkeit nur als Teil der Kulturgeschichte in der Moderne zu erkennen.[1]

Die zwei Pole der Mensch-Maschine-Beziehung

Der Kommentar des frühen Automobilisten Otto Julius Bierbaum aus dem Jahre 1906 liest sich als eine hellsichtige Prognose:

> » „Wir stehen am Anfang der Entwicklung. Aber schon jetzt ist es vollkommen klar, wie gewaltig ihre Perspektiven sind. Es wird sich beim Automobil wiederholen, was wir beim Fahrrad erlebt haben – nur noch in größerem Umfange. Der Rhythmus und die Intensität des Verkehrs werden sich auf dieses schon fast ideal zu nennende Verkehrsmittel einstellen. Es wird, und nicht bloß für die ganz reichen Leute, eine neue Epoche des Reisens anheben [...]“ (Bierbaum 1906, S. 321).

Individuelle Bewegung als menschliches Grundbedürfnis

Tatsächlich hat das Auto seit seiner Erfindung 1886 in den Industriegesellschaften zunehmende Akzeptanz erfahren. Es repräsentiert beispielhaft die Möglichkeiten und Grenzen moderner Technik und modernen Komforts bei der Befriedigung eines menschlichen Grundbedürfnisses, das der individuellen Bewegung. Zu Recht wurde daher das Auto als „Leitfossil unserer Zeit“ bezeichnet (Eduard Stubin, zit. n. Ruppert 1993: 120).

1 Dieser Text wurde ursprünglich in dem von Wolfgang Ruppert (1993) herausgegebenen Band *Fahrrad, Auto, Fernsehschrank. Zur Kulturgeschichte der Alltagsdinge* unter dem Titel „das Auto. ‚Herrschaft über Raum und Zeit‘“ publiziert. Er war in seiner Programmatik als Teil einer neuen Kulturgeschichte konzipiert. Für die vorliegende Fassung musste er gekürzt und auf das Nötigste konzentriert werden.

2

Das Auto erfreute sich in der hundertjährigen Objektgeschichte großer öffentlicher Beachtung. Doch ein erheblicher Teil der Literatur erfüllt mit seinem Abbildungsmaterial und technischen Detailangaben lediglich die Bedürfnisse der Enthusiasten und reproduziert den mit dem Auto verbundenen technischen Mythos. Monografische Darstellungen wie von Eric Schumann (1981), Wolfgang Sachs (1990) oder Wolf Dieter Lützen (1986) sind bisher die Ausnahme. Ziel dieses Textes ist es, die strukturellen und kulturellen Kontinuitäten des Objektes wie auch seine Wandlungen sichtbar zu machen.

Von Beginn an wurden Autos für unterschiedliche Zwecke der Alltagspraxis entworfen und in einer beachtlichen Typenvielfalt hergestellt. In Meyers Großem Konversationslexikon von 1909 kann man unter dem Stichwort ‚Motorwagen' nachlesen:

» „Fahrzeug mit motorischem Antrieb, im engeren Sinn ein von Schienen unabhängiges, motorisch angetriebenes Fahrzeug. Nach der Art der motorischen Kraft unterscheidet man Benzinwagen, Dampfwagen und elektrische Wagen; nach der Wagenform: Dampfkalesche, -kutsche, -omnibus etc. Duc, Coupé!, Phaethon, Tonneau, Landaulette, Lieferungswagen und Lastwagen. Am verbreitetsten und technisch vollendetsten sind die Benzinwagen" (Meyers großes Konversationslexikon 1909) (◘ Abb. 2.1).

◘ **Abb. 2.1** Die Autos sind noch Kutschen mit Motor. Mit einem Autokorso präsentiert der Hersteller Lutzmann aus Dessau verschiedene Ausführungen, 1897. (Quelle: Landesbildstelle Berlin)

Um die fortlaufende quantitative Verbreitung des Autos seit 1886 bis zur Gegenwart erklären zu können, ist es geboten, von beiden Polen der Mensch-Maschine-Beziehung auszugehen: vom Auto, einem Maschinenobjekt, und dem Menschen, der es aneignet. Der eine Pol, das Fahrzeug, ist als technischer Funktionsmechanismus definiert, der den ursprünglichsten und wichtigsten Gebrauchswert, die schnellere Bewegung im Stadtverkehr, zum Reisen oder für Lastentransporte hervorbringt. Der Fahrer handelt dabei keineswegs als abstrakte oder gar isolierte Figur. Er ist als Subjekt in den Kontext kultureller Ausdrucksformen seiner Gegenwart eingebunden. Seine Möglichkeiten des Umgangs mit dem Auto reichen von der Nutzung als schlichtes Gebrauchsmittel zur Fortbewegung bis zum gespoilerten „Flitzer“, mit dem sowohl die Lust an der beweglichen Präsenz, dem leistungsbetonten Fahren und sinnlichen Erlebnis der Geschwindigkeit als auch – im Habitus des Sportlichen – die individuelle Aggressivität ausgelebt werden können. Ferner ist die Eleganz teurer Automarken mit ästhetisch eindrucksvollen und verchromten Karosserien zu nennen, die dem Repräsentationsanspruch und Individualitätsgestus der vermögenden Besitzer dienen.

Der Fahrer nutzt das Auto im Zusammenhang von gesellschaftlichen Spielregeln, von sozialen Bedingungen und kulturellen Mustern. In den üblichen Alltagsformen der Aneignung des Autos und der Praxis des Umgangs mit ihm sind in erheblichem Maße die gesellschaftlich kommunizierten Wünsche und ästhetischen Bilder, epochentypischen Leitvorstellungen und Informationen wirksam. Diese werden nicht individuell neu erfunden, sondern im kommunikativen Kontext aufgenommen und meist lediglich variiert.

Umgang mit dem Auto interpretiert als Sprachverhalten des Fahrers

Es erscheint daher angebracht, das Handeln nicht allein aus dem Bezug des Autofahrers zu seinem Objekt, dem Auto, zu erklären. Vielmehr kommuniziert er in die Öffentlichkeit der Straßenräume hinein, in denen er wahrgenommen wird und wo sich sein Publikum – die anderen Verkehrsteilnehmer – bewegt. Die Formen des Umgangs mit dem Auto können somit als Sprachverhalten des Fahrers interpretiert werden, wenn auch im Spannungsverhältnis zwischen typischen Gruppeneinstellungen und unterschiedlichen Graden von Individualisierung.

Sucht man nach den tieferliegenden Gründen, die die Faszination erklären können, mit der das Auto – trotz der nunmehr bekannten negativen Folgen – auch in der Gegenwart seine Erfolgsgeschichte fortsetzt, so wird man auf diejenigen Eigenschaften und Praktiken zurückverwiesen, die das Objekt in seiner dinglichen Struktur selbst charakterisieren, unabhängig von den Differenzierungen der Aneignung zwischen Geschlechtern und sozialen Schichten.[2]

Das Auto als Objekt der Industriekultur

Anders als die Eisenbahn war das Auto nicht an ein Schienennetz gebunden, sondern konnte prinzipiell unabhängig im Ge-

2 Um 1900 wurde das Auto bereits von Frauen aus der Oberschicht gefahren, wenngleich für sie leichte und elegante Fahrzeuge als angemessen erachtet wurden. Zu geschlechtsspezifischen Aneignungen beispielsweise Steffen (1990, S. 133 f.).

lände fahren. Es zeigte sich jedoch bald, dass mit der sich beschleunigenden Fahrgeschwindigkeit gewaltige Staubfahnen aufgewirbelt wurden und die bis dahin üblichen Straßen nicht länger genügten, sondern die Gebrauchswerte des Autos erst in Verbindung mit einer verbesserten Infrastruktur zur Geltung kamen (vgl. Merki 2002; Möser 2002). Der Ausbau eines tauglichen Straßennetzes wurde deshalb zu einem seither kontinuierlich fortgeschriebenen Projekt, das sich am Leitbild eines reibungslosen Verkehrsflusses orientierte und die Vorstellungsbilder von Modernisierung beherrschte (vgl. z. B. Schmucki 2001).

Prioritätenentscheidung zugunsten der direkten Bewegung durch den Raum

Dementsprechend wurden die Städte im Verlauf des 20. Jahrhunderts umgeplant und auch die Landschaft weiter überformt.[3] In der Kultur der Moderne wurde eine – kaum reflektierte – Prioritätenentscheidung zugunsten der direkten Bewegung durch den Raum realisiert, die diese als höherrangig gegenüber der Erhaltung der Natur und anders gelagerten Bedürfnissen von Menschen bewertete. Mit dem Bau von Autobahnen, die die Landschaft als geradlinige Rollbahnen durchschnitten, begann seit 1933 die intensive Vernetzung der Regionen, wie beispielsweise mit der Nordsüd-Strecke von der Ostsee über Berlin-Nürnberg-München bis an die Alpen (Stommer 1984). Deren Streckenführung war als ingenieurtechnisches Konzept so angelegt, dass die natürlichen Hindernisse ausgeglichen wurden und Flusstäler auf weitgespannten Brückenbauten überquert werden konnten.

Seit den 1950er-Jahren legten sich auch innerhalb der Städte massive Stadtautobahntrassen als quasi natürliche Grenzen zwischen die Stadtviertel. Sie schieden unterschiedliche Verkehrs und Nachbarschaftsräume voneinander.

Hegemonie der Artefakte

Im Stadtraum selbst erhielt das Auto einen hohen Stellenwert. An beiden Seiten parkende Fahrzeuge verstellten seit der Massenmotorisierung der 1950er-Jahre die Straßen. Auf noch freien Verkehrsflächen wurden Parkplätze eingerichtet, die meist nur vorübergehende Entlastung brachten. Neue Formen der Architektur sollten den besonderen Erfordernissen des Abstellens und des Schutzes der Autos entsprechen: Garagen für Einfamilienhäuser, Tiefgaragen für Wohnanlagen und Supermärkte, Parkhäuser für die Zonen der innerstädtischen Verkehrsverdichtung (vgl. Honnef 1972). Zur Regulierung des Verkehrs dienten zunehmend Verkehrszeichen als visueller Ausdruck der Straßenverkehrsordnung. Ampeln begannen den Bewegungsrhythmus der Autos im Verkehrsfluss in Zeitsequenzen zu ordnen. Verglichen mit dem noch um 1900 freien Straßenraum entstand nach und nach eine Hegemonie der Artefakte des Autoverkehrs und die Herrschaft der davon abgeleiteten strukturellen Ordnung gegenüber den schwächeren Verkehrsteilnehmern wie den Radfahrern und Fußgängern oder den Kindern und den Rollstuhlfahrern. Ferner erforderte der Betrieb des Autos ein Netz von Dienstleistungen, die zu einem eigenen arbeitsteiligen Wirtschaftszweig expandierten. Aus den Zapfsäulen für Treibstoff der ersten Jahrzehnte wurden Servicestationen mit einem breiten Dienstleistungsangebot vom Autowaschen bis zum Reifenwechsel (vgl. Polster 1982). Eine Übersicht über die zahlreichen materiellen Objektivationen der Autokultur ließe sich fortsetzen. Stichworte sind: Autoservice,

3 Autokultur wurde als wichtigste Form der Alltagskultur behandelt bei Fünfschilling und Huber (1985) sowie das Begleitbuch einer Ausstellung Bode et al. (1986).

Autohandel, Autocenter, Autoreparatur, Autozubehör, Autoboutique, Autotuning, Autoradio, Autotelefon, Autosport, Sportwagen, Autokomfort, Luxuslimousinen, Stadtflitzer, Aufspoilern, Auto Styling.

Demokratisierung des Autos

Das Auto und seine Systembedingungen – wie Straßennetz, Verkehrsarchitektur und Dienstleistungen – entwickelten sich zu einem charakteristischen Element der Industriekultur.[4] Dies ist vor allem aus der weitreichenden Demokratisierung des Autos als privat genutztem Fahrzeug zu erklären.

Massenmotorisierung

Abhängigkeit von Politik- und Wirtschaftsgeschichte

Im Jahre 1907 begann die Zählung der Automobile. Aus der Statistik ergibt sich ein Bild des Verlaufs der Motorisierung im Deutschen Reich und der quantitativen Verbreitung des Autos (vgl. Krämer-Badoni et al. 1971, S. 11–16). Es spiegelt sich darin eine erstaunliche Kontinuität und zugleich eine deutliche Abhängigkeit von der Politik- und Wirtschaftsgeschichte. Während für 1907 mit etwa 10.000 Automobilen gerechnet wird, ist für die ersten beiden Jahrzehnte der Automobilgeschichte von einer geringen Verbreitung auszugehen. Die gebauten Stückzahlen werden beispielsweise für Modelle wie den *Daimler Riemenwagen* von 1895 mit ca. 130 Stück oder für den *Benz-Ideal* von 1901 mit circa 300 Stück beziffert. In dieser Frühzeit gab es dagegen etwa doppelt so viele Motorräder, die als „Snobvehikel“ galten (◘ Abb. 2.2).

Erst nach der Inflation und Währungsreform von 1923 (98.000) stieg die Zahl der Autos mit der wirtschaftlichen Konsolidierung bis 1927 auf 261.000, während der „Blütezeit“ der Weimarer Republik bis 1929 auf 422.000 und 1931 auf 510.000 an. Aufgrund der Weltwirtschaftskrise sank die Zahl 1932 leicht auf 486.000, um bereits 1933 erneut auf eine halbe Million anzusteigen und sich während der NS-Zeit bis zum Kriegsbeginn zu verdreifachen: 1935 waren es bereits 795.000 Autos, 1937: 1.108.000, 1939: 1.426.000. Nach dem Kriegsbeginn erfolgte 1939 die Stilllegung der Privatwagen. Dieser Bruch in der privaten Motorisierung wurde in den Nachkriegsjahren allerdings schnell ausgeglichen.

Motorisierte Gesellschaft

Zwischen 1951 und 1960 verzehnfachte sich der Bestand an Pkws. Um 1954/1955 erreichte die Zahl der Automobile für das nun kleinere Gebiet der Bundesrepublik erneut das Niveau des höchsten Standes vor dem Zweiten Weltkrieg mit etwa 1,5 Mio. Fahrzeugen. In seiner Analyse der Bedeutung des Autos für die Massenmobilität bewertet der Historiker Peter Borscheid (1988, S. 122) den Zeitpunkt um 1960 als die „Epochengrenze“ zur motorisierten Gesellschaft, zumal sich dieser Trend auch in den 1960er-Jahren fortsetzte: 1963: 6.807.000; 1971: 14.377.000 Autos.

Steigerung der Realeinkommen

Mit diesem quantitativen Prozess verband sich eine qualitative historische Entwicklung, die in einen sozialgeschichtlichen Bedingungszusammenhang eingelagert war. Die Massenmotorisierung konnte nur auf der Basis der Steigerung der Realeinkommen breiterer Schichten der erwerbstätigen Be-

4 Eine Quelle zum Entwicklungsstand der 1920er-Jahre vgl. Allmers et al. (1928).

Abb. 2.2 Die Fernfahrt Paris-Berlin endete in der Trabrennbahn Berlin-Westend, 1901. (Quelle: Landesbildstelle Berlin)

völkerung stattfinden, die sich nach 1957/1958 für Arbeiter wie Angestellte in einer historisch revolutionären Weise vollzog. Deren Bedürfnis nach Erweiterung der räumlichen Mobilität fand in den neuen Handlungsmöglichkeiten als Autofahrer, im Umgang mit diesem industriellen Objekt, eine attraktive kulturelle Form.

Für die Entscheidungsspielräume bei der Suche nach Arbeit brachte das Auto erhebliche Veränderungen. So verstärkte sich die regionale Mobilität wie auch die Binnenwanderung in der Bundesrepublik insgesamt. Das wachsende Verkehrsaufkommen wirkte wiederum als „Sachzwang" auf den Ausbau und die Asphaltierung der Straßen zurück (vgl. Linder et al. 1975). Durch bessere Fahrbahnen wurden sowohl die Anspannung der Fahrer als auch der Verschleiß der Autos verringert.

Die tägliche Fahrstrecke, die die Menschen im Pkw oder mit öffentlichen Verkehrsmitteln zurücklegten, wuchs. Waren es 1960 durchschnittlich 12,5 km gewesen, so erhöhte sich diese Zahl 1970 auf 20,6 km mit steigender Tendenz bis heute auf 40 km (vgl. DIW 2011). Der schnellere Verkehrsfluss entlang des im Ausbau befindlichen Straßennetzes erweiterte den Radius der Autopendler zwischen Wohnort und Arbeitsplatz.

Gewinn an Lebensstandard

Neben diesen spürbaren Gebrauchswerten des Autos im Berufsverkehr wurde die Anschaffung eines Pkw zugleich zu einem Symbol für den Gewinn an Lebensstandard, der mit der Erweiterung der persönlichen Bewegungsfreiheit um den Wohnort einherging, wie sich bei der Gestaltung des Sonntagsausflugs erwies.

In der Folge flachte der Unterschied zwischen Stadt und Umland ab, eine neue Form der Verstädterung des Landes setzte ein, und die Objekte der industriellen Massenkultur überzogen immer mehr die bislang erhaltene Landschaft.

Trotz der kontinuierlichen Motorisierung wurde jedoch selbst in den 1970er- und 1980er-Jahren keine Vollmotorisierung erreicht. Mittlerweile gibt es in der Bundesrepublik rund 43 Mio. Pkw. Für eine Minderheit der Bevölkerung bleibt das Auto bis heute aus finanziellen Gründen unerschwinglich.

Aneignungen

In den ersten Jahrzehnten blieb das Automobil ein reines Luxusobjekt, das von Gutsherren, Rentiers und bürgerlichen Berufsmenschen wie Ärzten gefahren wurde. Für die erstere Gruppe war das Auto teils eine Maschine zum Sport und für das Vergnügen, teils ein Objekt, das die Bedürfnisse nach Statusrepräsentation erfüllen konnte. Eine Werbeanzeige der Firma Benz und Co. von 1888 für den „Patent-Motorwagen“ veranschaulicht, welche Vorzüge den Zeitgenossen einen Kauf interessant machen sollten (zit. n. Sachs 1990, S. 14). Das Fahrzeug sei nicht nur „bequem und absolut gefahrlos“, sondern „immer sogleich betriebsfähig“. Aufgrund des „Gasbetriebes durch Petroleum, Benzin, Naphtha etc.“ könne es als ein „Vollständiger Ersatz für Wagen mit Pferden“ eingestuft werden. Zudem sei es billig, mit „sehr geringen Betriebskosten“, da es „den Kutscher, die teure Ausstattung, Wartung und Unterhaltung der Pferde“ erspare. Das Zielpublikum, an das sich diese Anzeige richtete und von dem die Aneignungsgeschichte des Autos ausging, waren jene vermögenden Privatpersonen, zu deren Lebensstandard eine Kutsche mit Pferden selbstverständlich gehörte. Die in den Werbeanzeigen behauptete „bequeme“ Betriebsfähigkeit war allerdings keineswegs durchweg gegeben. Zwar konnte das Automobil im Unterschied zum aufwendigen Anspannen der Pferde ohne Zeitverzug angelassen werden. Aber die Maschinen selbst waren noch wenig ausgereift und entsprechend störungsanfällig. Daher war es erforderlich, statt des Kutschers einen Chauffeur zu beschäftigen, der zugleich als Mechaniker das Auto warten, reparieren und fahrbereit halten konnte (■ Abb. 2.3).

In den 1920er-Jahren begannen weitere Teile des Bürgertums und der Geschäftsleute, das Auto für ihre Lebensgestaltung zu nutzen. Daneben wurden auch einfache Gebrauchsfahrzeuge wie die „cycle cars“ gebaut, deren Stückzahl jedoch gering blieb. Beispielsweise konnten zwischen 1924 und 1925 vom *Mollmobil,* einem heute primitiv wirkenden leichten Fahrzeug, etwa 1500 Stück montiert werden, in dessen Konstruktion die Technik des Fahrradbaus einging. Mit einem schlichten Kastenchassis umkleidet, erreichte es immerhin eine Höchstgeschwindigkeit von 35 km pro Stunde.

Abb. 2.3 In der ersten Hälfte des 20. Jahrhunderts bewegten sich Pferdegespann, Straßenbahn und das „moderne“ Auto im Straßenraum noch gleichberechtigt nebeneinander, 1921. (Quelle: Landesbildstelle Berlin)

Verbilligungen als industrielles Massenprodukt

Erst im dritten Jahrzehnt des 20. Jahrhunderts erweiterten sich in mehreren Schritten die Möglichkeiten zum Erwerb eines Autos, vor allem aufgrund von Verbilligungen, die sich aus den Herstellungsmethoden als industrielles Massenprodukt ergaben.

Gegen Ende der 1920er-Jahre rückte ein billiges Großserienauto „für alle“ in den Bereich des technisch Möglichen. Diesen schon lange latent vorhandenen Traum der Mittel- und Unterschichten nahm die NS-Propaganda auf, die den „Volkswagen“ als eine für jeden Sparer erreichbare Errungenschaft präsentierte. Die Utopie der motorisierten Volksgemeinschaft schien Ausdruck einer konsequenten Fortführung des historischen Trends zu sein: Nicht allein die Vermögenden, sondern auch „die Arbeiter der Faust“ sollten zu privaten Nutznießern der Technik werden. Die NS-Freizeitorganisation „Kraft durch Freude“ verband die Entwicklung des KdF-Wagens 22 mit einer Werbekampagne, in der der Führer als Initiator der zukünftigen Errungenschaft stilisiert wurde.

Goebbels’ Rede zur Eröffnung der Internationalen Automobil- und Motorrad-Ausstellung in Berlin 1939 betonte den Zusammenhang von Großserien sowohl mit der Vergrößerung der Absatzmärkte durch die expansionistische NS-Außenpolitik wie auch mit der Verbilligung durch standardisierte Massenprodukte wie den Volksempfänger:

> » „So ist die Abnehmerbasis z. B. für Rundfunkgeräte im heutigen Reich so groß geworden, dass wir damit in der Lage sind, dank des schon im Innern garantierten Massenkonsums die Produktionskosten wesentlich zu senken. Das gleiche gilt auch bei der Herstellung deutscher Filme usw. Der Kraftwagen aber wird in seiner Preisgestaltung überhaupt nur dann weltkonkurrenzfähig sein, wenn die Möglichkeit eines großen Serienbaus gesichert ist. Dies setzt unter allen Umständen einen ausreichenden eigenen Wirtschaftsraum voraus“ (Goebbels 1939, S. 15).

Seit 1938 wurde ein Ratensparvertrag angeboten, der die Aneignung des Wunschobjektes Volkswagen in Aussicht stellte und auf den insgesamt 336.000 Sparer einzahlten. Ihre Erwartungen wurden jedoch enttäuscht, da die Produktion im neu errichteten Volkswagenwerk Wolfsburg nicht aufgenommen wurde (vgl. Mommsen 1996).

Bis in die 1950er-Jahre blieb der Kauf eines repräsentativen und komfortablen Autos ausschließlich den Oberschichten vorbehalten. Der Einstieg in die Motorisierung der Arbeiter und Angestellten hatte überwiegend mit einem Motorrad oder Motorroller begonnen. In den frühen 1950er-Jahren war selbst bei sehr bescheidenem Einkommen der Kauf eines Mopeds möglich geworden. Im Vergleich zu den zweirädrigen Fahrzeugen, die keinen Schutz gegen schlechte Witterung und Kälte boten, wurden die mehrrädrigen Fahrzeugtypen mit geschlossenem Fahrraum als eine Steigerung des Komforts wahrgenommen: Kleinwagen wie *Lloyd, Goggomobil, Maico, BMW-Isetta* oder der *Heinkel-Kabinenroller* entsprachen für einige Jahre dem Trend der Symbolisierung wachsender Massenkaufkraft.

Der in den 1950er-Jahren in hohen Serien verkaufte *VW-Käfer* bot gegenüber diesen Kleinwagen den Vorzug eines zuverlässigen Familienfahrzeugs mit wesentlich mehr Bewegungsfreiheit für mitfahrende Personen (vgl. Hickethier et al. 1974).

Die Massenmotorisierung in den 1950er und im Gefolge des „Wirtschaftswunders“ in den 1960er-Jahren ist als ein Vorgang von großer sozial- und kulturgeschichtlicher Bedeutung zu erkennen. Von 100 privaten Haushalten waren 1962 bereits 27 und 1973 55 mit einem Personenkraftwagen ausgestattet. Für die auf dem Land lebenden Menschen bewirkte die mit dem Kauf eines Autos gewonnene Mobilität die Anbindung an die urbanen Räume und erhebliche Erleichterungen bei den notwendigen Wegen des Alltagslebens. Darüber hinaus zählte die Urlaubsreise mit dem eigenen Auto nach Italien – etwa zum Zelten an die Adriaküste – bald zu den erreichbaren Zielen und Verbesserungen des kollektiven Lebensstandards.

Industrielles Massenprodukt

Im Zuge seiner quantitativen Verbreitung entwickelte sich das Auto zu einem wichtigen Paradigma der industriellen Massenkultur, an dem deren Doppelnatur sichtbar wurde. Einerseits verband sich mit der Geschichte des Automobils die Geschichte eines bedeutenden und wachsenden Industriezweiges, der Autoindustrie, in dem sich innovative Rationalisierungsprozesse mit beispielhaftem Charakter für die Massenfertigung von Waren entfalteten. Die mit der Produktion hoher Serien verknüpften Gewinnerwartungen zogen eine aktive Absatzpolitik der Unternehmen nach sich. Über Werbung und Design wurden Marktstrategien entworfen, um die potenziellen Käufer anzusprechen und ihre Wünsche gezielt auf das Warenangebot der Hersteller zu lenken. Demgegenüber richtete sich die Perspektive der Autokäufer auf die Einlösung der von der Werbung vermittelten Gebrauchswertversprechen und der damit assoziierten Wunschbilder. Diese partizipierten am Stand der gesellschaftlich kommunizierten Modernitätsvorstellungen und deren visuellen Codes.

Die Produktionsformen spiegeln die Geschichte der Industrialisierung im 20. Jahrhundert. In den ersten Jahrzehnten überwogen handwerkliche Fertigungsverfahren in der Herstellung von Kleinserien. Bei gut verkäuflichen Modellen wandte man als Montagetechnik die industrieübliche Form von nebeneinander aufgebockten Montageplätzen an. Die Teile wurden gesondert gefertigt, dann eingepasst und handwerklich zum Auto aufmontiert.

Einführung des Fließbands

Auch in Deutschland suchten die Ingenieure bereits seit 1900 nach Möglichkeiten der Steigerung von Rationalitätsstandards und begannen im Zusammenhang von Geschäfts- und Studienreisen die weiter entwickelten amerikanischen Methoden auf ihre Übertragbarkeit zu prüfen. Mit der erfolgreichen Einführung des Fließbands 1913 durch Henry Ford setzte sich in der Montagetechnik des Automobilbaus ein neues Muster für industrielle Massenfertigung durch. Auf der Basis exakter Messverfahren und der Arbeitsteiligkeit des Taylorismus wurden die verschiedenen Produktionsschritte auf einzelne fest lokalisierte Arbeitsplätze an einem laufenden Band verteilt. Jeder daran platzierte Arbeiter musste die vorgeplanten Handgriffe in einer genau bemessenen Zeit ausführen, während das im Aufmontieren begriffene Fahrzeug sich an seinem Arbeitsplatz befand und dann an ihm vorbeigezogen wurde. Der Takt des Bandes gab die Arbeitsgeschwindigkeit vor, an die sich der Einzelne anpassen musste. Die standardisierten Teile wurden in Massenfertigung in anderen Produktionseinheiten hergestellt und zur Montage zugeliefert. Auf diese Weise konnte die Effektivität des Montageablaufs erheblich gesteigert werden.

Durch diese Fließfertigung gelang in einer beispielgebenden Weise ab 1914 die Verbilligung des „Model T", das insgesamt von 1908 bis 1927 hergestellt wurde. Hatte es im Jahre 1909 noch 950 US$ gekostet, so sank sein Preis mit der Bandfertigung bis 1917 auf 350 US$, 1923 sogar auf 290 US$. Aufgrund der Verbilligung wuchs gleichzeitig die Zahl der Käufer. Von dem Modell *Tin Lizzie* wurden insgesamt 15.007.033 Stück verkauft.

Wegen des kleineren nationalen Marktes in Deutschland und einer größeren Zahl konkurrierender Hersteller, aber auch wegen der wirtschaftlichen Krisen nach dem Ersten Weltkrieg und der Inflation, konnte das erste Auto erst 1924 auf dem Fließband aufmontiert werden: Mit dem sogenannten *Laubfrosch* erreichte der Autohersteller Opel – in Anlehnung an das französische Vorbild des Citroën CV 5 – breitere Käuferschichten überwiegend aus dem Bürgertum, die nun den Einstieg in die Motorisierung vollzogen.

Produktpolitik

In den 1920er-Jahren wuchs die Bedeutung einer Produktpolitik, die den wechselnden Zeitgeschmack und die innere Differenzierung der Modellpalette als gestaltungsfähige Faktoren betrachtete. In Konkurrenz zu Ford, dessen „Model T" Mitte der 1920er-

Jahre altmodisch zu wirken begann, hatte General Motors eine neue Produktstrategie entwickelt. Diese staffelte die eigenen Automobile in einer Hierarchie von teuren zu preiswerten Angeboten, sodass es für die sozialen Aufsteiger mit verbessertem Einkommen und steigenden Repräsentationsansprüchen die Möglichkeit gab, ein höherwertiges Fahrzeug derselben Marke zu kaufen. Nach dem damaligen Direktor von General Motors, Alfred Sloan, wurde dieses Konzept „Sloanism" genannt (vgl. Sachs 1990, S. 98 f.).

Beschleunigung der Attraktivität

Ein weiterer markanter Entwicklungsschritt zum industriellen Massenprodukt vollzog sich mit der Umstellung auf eine Modellpolitik mit wechselnden Moden und später dann dem geplanten Veralten der Fahrzeuge. Durch den schnelleren Wechsel der Automodelle sollte eine Ausweitung von Marktanteilen vorangetrieben, aber auch der Sättigung des Marktes – 1927 war das „Model T" von Ford vollends unverkäuflich geworden – vorgebeugt werden. Die bewusste Beschleunigung der Attraktivität der auch technisch veränderten Modelle erhob die Arbeit an der Formgestalt des Autos, das „Styling", das den Wagenkörper attraktiver machen sollte, zu einem wichtigen Faktor der Unternehmenspolitik.

Marken

Während das Erfolgsgeheimnis des „Volkswagens" nach dem Zweiten Weltkrieg auf seiner großen Serie bei nur geringen Verbesserungen des Modells und einem vergleichsweise niedrigen Preis beruhte, versuchte Opel das bereits erfolgserprobte Konzept des amerikanischen Mutterkonzerns General Motors anzuwenden. Neben dem Wagen für die bürgerlichen Mittelschichten, dem *Rekord,* und dem *Kapitän,* dem teuren großen Repräsentationsmodell, gelang es in den 1960er-Jahren, mit dem *Kadett* einen weiteren Wagentyp auf den Markt zu bringen, der sich vom Massenauto *Käfer* unterschied und höhere Prestigewerte erzielte. Der *Kadett* sollte die sozialen Aufsteiger ansprechen und zugleich an die Marke binden.

Individuelle Distinktion

Dieser Trend verallgemeinerte sich. Diejenigen Autos gewannen an Bedeutung, die sich in ihrem Prestigewert von den Massenfahrzeugen abhoben. Die Bedürfnisse der Käufer nach individueller Distinktion fanden mit fortschreitender Motorisierung in den 1950er-Jahren in der Wahl des Automodells ein Medium und in den Extras ein reiches Ausdrucksfeld für kulturelle Codes, mit denen Individualität über ein Objekt konstituiert werden konnte. Die Produktpolitik der Autohersteller verfolgte die Strategie, die sozialen Unterscheidungswünsche der Konsumenten in eine Modellpalette unterschiedlicher Autotypen zu übersetzen. Dies erwies sich als eine zunehmend bedeutsamere kulturelle Funktion des Autos.

Kulturelle Funktion des Autos

Das Auto als Objekt der Moderne

Der französische Strukturalist Roland Barthes prägte das Bild, dass heute die Autos „das genaue Äquivalent der großen gothischen Kathedralen" des Mittelalters seien (Barthes 1964, S. 76). Er begründete diesen Vergleich auf drei Bezugsebenen: „Ich meine damit: eine große Schöpfung der Epoche, die mit Leidenschaft von unbekannten Künstlern erdacht wurde und in ihrem Blick, wenn nicht überhaupt im Gebrauch, von einem ganzen Volk benutzt wird, das sich in ihr ein magisches Objekt zurüstet und aneignet" (ebd.). Anlass, von dieser „große(n)

Schöpfung der Epoche“ zu sprechen, war die Präsentation des Citroën DS19 im Jahr 1955.[5]

In dem Maße, in dem sich im Verlauf des 20. Jahrhunderts die emotionalen und symbolischen Bedürfnisse erheblicher Teile der Bevölkerung mit dem Auto verbunden hatten, bleibt zu fragen, welche Eigenschaften diese Maschine zum Ausdruck einer spezifischen Zeiterfahrung der Moderne werden ließen.

Ein Hinweis auf kulturelle Bedeutungen, die das Auto bereits in seiner Frühzeit aufnahm, ergibt sich aus der Art und Weise, in der Künstler die mit ihm verbundenen Erscheinungen als Bildsujet thematisierten und verarbeiteten. In der Wahrnehmung der italienischen Futuristen wurde das Auto – neben dem Flugzeug – zum Symbol des neuen dynamischen Zeitalters, weil es die Innovationstendenzen und den Geist der technischen Zivilisation repräsentierte.

Futuristisches Manifest: Schönheit der Geschwindigkeit

Im futuristischen Manifest von 1909 wurde die Maschine, die Geschwindigkeit erzeugte, ästhetisiert: „Wir erklären, dass sich die Herrlichkeit der Welt um eine neue Schönheit bereichert hat: die Schönheit der Geschwindigkeit. Ein Rennwagen, dessen Karosserie große Rohre schmücken, die Schlangen mit explosivem Atem gleichen, […] ein aufheulendes Auto, das auf Kartätschen zu laufen scheint, ist schöner als die Nike von Samothrake“ (zit. n. Zeller 1986, S. 328). In dieser Bedeutungsaufladung durchdrangen sich der Technik- und Fortschrittsmythos mit der Feier der dynamischen Bewegung: Das Auto wurde als Kultobjekt der Geschwindigkeit stilisiert.

5 Später wurde das zum Kultobjekt erhobene Auto aufgrund des sprachlichen Gleichklangs von *(la) déesse*(= die Göttin) mit dem Buchstabenkürzel DS auch als Göttin beworben.

Gebrauchswerte

1906 kommentierte ein anonymer Zeitgenosse scharfsinnig eine wesentliche Eigenschaft der Moderne, die Verdichtung des Faktors Zeit, die im Bedürfnishaushalt des modernen Menschen subjektiv zum Ausdruck gebracht wurde: „Man will in möglichst kurzer Zeit möglichst weit befördert werden, und unsere schnelllebige Generation hat sich neue Beförderungsmittel geschaffen“ (zit. n. Sachs 1990, S. 191).

Kräftepotenzierung

Das Auto ist ein aus diesem Willen entstandenes „magisches Objekt“ (Barthes). Es wurde als eine Maschine zur schnelleren Bewegung gebaut, deren Fähigkeit zur linearen Beschleunigung die natürlichen Möglichkeiten des Körpers weit überbot. Die Messung dieser Kraft mit dem bis dahin im Individualverkehr überwiegend genutzten Pferd als „Pferdestärke“ (PS) ist ein Verweis auf die ursprüngliche Wahrnehmung der damit erreichten Kräftepotenzierung.

Ein an der „Cultur des Alltags“ interessierter volkskundlicher Autor, Michael Haberlandt, lobte bereits in Hinblick auf das Fahrrad um 1900 „die großartige Steigerung der individuellen Beweglichkeit“, die als eine Neustrukturierung des Verkehrs zu beobachten sei:

> » „In die ungeheuren, zahllosen Maschen des collektivistischen Verkehrs bringt es die ungebundene Circulation der Individuen, welche die verödeten Zwischen- und Nebenstraßen beleben mit flüchtigen Schwärmen, die allerorten durcheinanderstreben, die weiten Maschen des Massenverkehrs ausfüllend und überall Bewegung schaffend, wo früher Ruhe und Festkleben

war. Die Emancipation des Individuums von dem schwerfälligen Gemeinverkehr durch das Fahrrad, die neue gewährte Bewegungsfreiheit der Person [...] ist ein Culturfortschritt von unübersehbarer Tragweite" (Haberland 1900, S. 127 f.).[6]

Das Auto setzte den zivilisatorischen Trend fort, der sich mit dem Fahrrad bereits durchgesetzt hatte. Eine abstraktere Dimension der Gebrauchswerte, die der „Schöpfung der Epoche" (Barthes), dem Auto, seine tieferreichende Bedeutung verliehen, wurde überraschend präzise in der „Allgemeinen Automobil-Zeitung" von 1906 formuliert:

» „Das Auto, es will dem Menschen die Herrschaft über Raum und Zeit erobern, und zwar vermöge der Schnelligkeit der Fortbewegung. Der ganze ungeheure Apparat der Eisenbahn, Schienennetz, Bahnhöfe, Signalstationen, Überwachungsdienst und Verwaltungsdienst fällt hier weg, und verhältnismäßig frei waltet der Mensch über Raum und Zeit" (zit. n. Sachs 1990, S. 19).

Das Auto als Objektivation des modernen Strebens nach Schnelligkeit und Fortbewegung

Folgt man dieser Analyse, so ist das Auto als Objektivation des modernen Strebens nach „Schnelligkeit der Fortbewegung" zu betrachten, aus der die „Herrschaft über Raum und Zeit" erwächst. Von diesem Ziel wird seine Objektgeschichte als ein Entwicklungsvorgang der Optimierung eines entsprechenden technischen Potenzials bestimmt. Die „Geschwindigkeit der Bewegung" und die „ungebundene Circulation der Individuen" im Raum sind zu Leitmustern der industriellen Zivilisation geworden.

Bewegungsfreiheit

In der Bewertung einer Grundeigenschaft stimmten die Kommentatoren dieses Modernisierungsvorganges überein. Mit dem „Kraftwagen" war es möglich geworden, sich individuell, mit eigener Steuerung, in einem städtischen oder ländlichen Raum zwischen verschiedenen Orten zu bewegen. Diese neue Bewegungsfreiheit galt seit den Anfangsjahren als überzeugender Gebrauchswert und spezifisches Erlebnis einer Autofahrt.

Das Individuum erlebt sich mithilfe des Autos als frei von kollektiven Handlungsbindungen: mit individuell gestaltbaren Zeitrhythmen, individuell gestaltbarer Geschwindigkeit und individuell gestaltbaren Pausen. Der damit in der Alltagskultur verfügbar gewordene Komfort trug auch zu tiefgreifenden Veränderungen der Vorstellungen über die Stadt und die Ordnung der modernen Lebenswelt bei.

Mit Bezug auf die Barthe'sche These vom „magischen Objekt" bleibt jedoch weiter nachzufragen: Beruht die Magie des Autos auf dem Potenzial, das natürliche Handlungsvermögen des menschlichen Körpers mit der technischen Apparatur zu erweitern und die lokale Gebundenheit zu „verwischen"?

Jedenfalls kann sich der Autofahrer – in den Grenzen der Mensch-Maschine-Bewegung und ihrer Funktionen – im Fahren als aktiv handelndes Subjekt erleben und sich in der Freiheit der Bewegung als Individuum „erschaffen".[7] In diesem Sinne

6 Auch der Historiker Hans-Erhard Lessing (2003) sieht die Gemeinsamkeit von Fahrrad und Automobil in dem Prinzip der Selbstbeweglichkeit. Um deutlich zu machen, dass die Ursprünge selbstbestimmter mechanischer Beweglichkeit beim Fahrrad liegen, betitelt er seine Geschichte des Fahrrads konsequenter Weise mit „Automobilität".

7 Ein Hinweis auf den Modernitätsbezug dieses Glaubens der Selbsterschaffung findet sich bei Richard Sennett (1991).

2

wurde das Auto in Begriffen wie „Ich-Prothese“ (Wolfgang Sachs) und „Prothese unserer Beweglichkeit“ ausgelegt (Borscheid 1988, S. 135).

Die kulturelle Konfiguration im Kontext der Modernität

Motiv der Bewegung als Motiv der Zeit

Natürlich ist das Auto nicht das einzige neue Beförderungsmittel, das der schnellen Fortbewegung diente. Seine Entstehung ist im Zusammenhang einer sozialen und kulturellen Konfiguration zu sehen, in der die Beweglichkeit und die Geschwindigkeit mit zunehmender Bedeutung aufgeladen und zu einem wesentlichen Faktor des Beziehungsgefüges der Kultur der Moderne wurden. Ein herausragender Architekt wie Walter Gropius, der über eine hohe Wahrnehmungskraft für zivilisatorische Entwicklungen verfügte, benannte 1914 folgende Verkehrsmittel als „Sinnbilder der Schnelligkeit“: „Automobil und Eisenbahn, Dampfschiff und Segeljacht, Luftschiff und Flugzeug“. In ihnen objektiviere sich „das Problem der Verkehrsbewegung“. Gropius erklärte hellsichtig das „Motiv der Bewegung“ zum „entscheidenden Motiv der Zeit“ (Gropius 1914, S. 32).

Zu dieser Bewertung gab es in der Erfahrungsgeschichte des modernen Individuums eine Entsprechung. Um 1900 verwies der Kulturphilosoph Georg Simmel in seinem grundlegenden Aufsatz von 1903 „Die Großstädte und das Geistesleben“ auf die neuartige großstädtische Individualität, die aus der raschen Bewegung resultiere:

> » „Die psychologische Grundlage, auf der der Typus großstädtischer Individualitäten sich erhebt, ist die Steigerung des Nervenlebens, die aus dem raschen und ununterbrochenen Wechsel äußerer und innerer Eindrücke hervorgeht“ (Simmel 1903, S. 188).

Kinetische Revolution

Dieser „rasche und ununterbrochene Wechsel“ war bereits seit der Mitte des 19. Jahrhunderts als ein Kern der modernen Kultur beschrieben worden. Die Eigenschaften des Autos, die der Befriedigung des Bedürfnisses nach schnellerer Beweglichkeit der Individuen dienten, repräsentierten die vorübergehenden und flüchtigen Aspekte des modernen Lebens. In diesen umfassenderen kulturgeschichtlichen Prozess der kinetischen Revolution, der sich in Formen von materieller Kultur objektivierte, ist das Auto als Bewegungsmaschine eingebettet.

Individualisierung der Beweglichkeit

Im Verlauf des 19. Jahrhunderts brachte die Beschleunigung der Bewegung ein Ensemble von Erfindungen neuartiger Beförderungsmittel hervor. Hierzu zählen Eisenbahn, Dampfwagen, Fahrrad, Auto, Motorrad, Flugzeug. Als symbolisches Ereignis kann in Deutschland die Eröffnung der ersten Eisenbahnstrecke zwischen Nürnberg und Fürth 1835 angesehen werden. Neben der Eisenbahn zählte der noch schwerfällige, für den Straßenbetrieb gebaute „Dampfwagen“ zu den ersten Maschinen der neuen Beweglichkeit. Als Reaktion auf die mit dem Prozess der Urbanisierung wachsenden innerstädtischen Entfernungen wurden Schienenstrecken eingerichtet, auf denen zunächst Pferdeomnibusse verkehrten, bis diese vorübergehend von Dampfantrieben verdrängt und schließlich von der „Elektrischen“, von Straßenbahnwagen mit elektrischem Antrieb, abgelöst wurden. Industrialisierung, die innovative Kompetenz des Maschinenbaus bei der Entwicklung der neuen Bewegungsmaschinen und der verstärkte gesellschaftliche Bedarf an Mobilität bedingten sich gegenseitig. Mit der Eisenbahn hatte sich eine erste Form erhöhter Beschleunigung und der Intensivierung von Bewegung ausgebildet, die jedoch an die festen Linien des Schienennetzes gebunden und zudem eine kollektive Form des Reisens blieb. Das Bedürfnis nach Individualisierung der Beweglichkeit schuf schließlich jene neue Generation von Maschinen und leitete die Phase des Individualverkehrs ein. Die zunehmende Tauglichkeit des Fahrrads brachte einen Individualisierungsschub für den Massenverkehr. Ferner gab es in den letzten Jahrzehnten des 19. Jahrhunderts verschiedene zweirädrige Motorfahrzeuge mit Gasmotor oder Dampfmaschine. Diese setzten sich jedoch nicht in größerer Zahl durch, da ihr Gebrauchswert aufgrund technischer Unzuverlässigkeit und auch wegen der in nur geringem Maße ausgebauten Straßen eingeschränkt blieb. Erst nach 1900, insbesondere jedoch seit den 1920er-Jahren, verbreitete sich das Motorrad mit Benzinmotor, als es mit der Verbilligung durch Massenfabrikation auch für Angestellte und Arbeiter bezahlbar wurde.

Entgrenzung des Raums als zivilisationsgeschichtlicher Bruch in der Menschheitsgeschichte

Das Auto repräsentiert einen zweiten Individualisierungsschub. Es ist als eine Weiterführung und Ergänzung dieser Grundtendenz der kulturellen Moderne zu interpretieren. Der individuelle Käufer des „Motorwagens“ konnte das Potenzial zur Mobilität als ein Instrument zur Entgrenzung des Raums, der lokalen Gebundenheit des individuellen Lebens, in einer materiellen Form – als Maschine – erwerben. Die hiermit verbundenen neuen kulturellen Erfahrungs- und Erlebnisformen markieren einen zivilisationsgeschichtlichen Bruch in der Menschheitsgeschichte von bislang kaum zu übersehender Tragweite. Diese Bewertung wird plastisch, wenn man berücksichtigt, dass sich noch im 18. Jahrhundert 80–90 % der Bevölkerung ihr Leben lang nicht weiter als eine Tagesreise von ihrem Wohnort entfernten, teils, weil dies durch die Eingebundenheit in die altständische Gesellschaft kein Ziel gewesen war, teils, weil die Zwänge des Alltags größere Handlungsspielräume nicht zuließen. Mit dem Entstehen des Ensembles von neuen Verkehrsobjekten verdichtete sich in der Folge dieser erweiterten Beweglichkeit im 19. Jahrhundert eine kulturelle Modernitätserfahrung: Die Steigerung der Geschwindigkeit der Bewegungsabläufe im Alltag und die Rationalisierung des bürgerlichen Berufslebens produzierten Hast. Ferner entstand Nervosität als Ergebnis der Spannung zwischen den Zeiterfordernissen geschäftlicher Tätigkeiten mit immer präziseren Terminabsprachen und den Hindernissen des Verkehrs.

Die panoramatische Sicht des Raumes

Damit einhergehende Überreizungen und Überforderungen führten zu Fehlreaktionen und Katastrophen, wie sich in einer steigenden Zahl von Unglücksfällen dokumentierte. Zugleich hatte sich mit der zunehmenden Geschwindigkeit des Verkehrsobjektes Eisenbahn eine neue Wahrnehmungsform der Moderne herausgebildet: die panoramatische Sicht des Raumes (vgl. Schivelbusch 1977).

2

Diese war an die Höhe der Geschwindigkeit gebunden. Die schnellere Bewegung bedingte eine wachsende Flüchtigkeit des Ortsbezuges, der Kontakt zu der Landschaft, die durchfahren wurde, lockerte sich, Näherung und Distanzierung wechselten häufiger (vgl. Kaschuba 2004). Dabei schienen die Objekte im Nahraum nur so vorbeizufliegen, während die Landschaft in größerer Ferne langsamer vorüberzog. Auch für den Fahrradfahrer ergab sich eben diese ästhetische Erfahrung, wie Haberlandt beobachtete:

> » „Der flüchtige Blick, die Raschheit des Wechsels, die Flucht der Momentbilder im raschen Flug auf rollendem Rad, während das Auge unablässig die Bahn controlliert, diese neue Art zu schauen, bedingt gewissermaßen auch eine neue Ästhetik" (Haberland 1900, S. 130).

Blieb die Geschwindigkeit des Eisenbahnpassagiers an die kollektive Bewegung des Zuges gebunden, so konnte der Radfahrer diese „Momentbilder" durch Steuerung der Bewegung seinen individuellen Bedürfnissen entsprechend anpassen, intensivieren oder verlangsamen. In der Kontinuität dieser Modernitätserfahrung wurde die panoramatische Wahrnehmung bei gleichzeitiger individueller Beherrschung der Geschwindigkeit gleichfalls zu einer verinnerlichten Erfahrungsform des Autofahrers. Mit der Zunahme der Zahl der Verkehrsteilnehmer anonymisierte sich andererseits auch die Begegnung der Autofahrer auf den Straßen.

Isolierung während des Fahrens

Sie wurde abstrakter, auf die versachlichten Regeln des Straßenverkehrs reduziert. Die Separierung in einem eigenen Fahrzeug bedeutete zwar Befreiung aus der Kollektivität der Eisenbahn oder des Omnibusses, zugleich aber Isolierung während des Fahrens. Lediglich mit den Mitfahrern im Auto entstand eine Gemeinschaft, in der gemeinsamen Bewegung durch den Raum.

Symbolische und ästhetische Aspekte

Die Überzeugung, dass das „Automobil ein Symbol des Fortschritts" (Bierbaum 1906, S. 325) sei, wurde 1906 von seinen Befürwortern geteilt. Diese symbolische Aufladung verband sich von Beginn an mit den sozialen und kulturellen Gebrauchsweisen des Autos. Folgt man Clifford Geertz in der Definition des Begriffs Symbol, so wäre das Auto ein „Ausdrucksmittel einer Vorstellung, wobei diese Vorstellung die ‚Bedeutung' des Symbols ist" (Geertz 1987, S. 49).

Ästhetisierung des Autos

Solche symbolischen Bedeutungen objektivierten sich teils in der Ausstattung und der Form des Autos selbst, in seinem Design, teils in der Verknüpfung mit zeitgenössischen Fortschrittsmythen, die in Werbeanzeigen oder Fotografien produziert wurden. Darüber hinaus konnte der Fahrer das Objekt Auto mit individuellen Symbolisierungen besetzen, die seinen Bedürfnissen nahekamen. Er war Akteur und Konsument zugleich. Hierzu zählen Symbolisierungen der sozialen Stellung, des individuellen Geschmacks sowie des Distinktionswunsches, aber auch der Besitz des Autos als ein Symbol von Macht oder Freiheit. Entsprechende Ästhetisierungen der Autos und der Bilder, die für sie warben, wurden in der industriellen Massenkultur zu einem Teil der kommerziellen Reizproduktion, um Käufer anzuziehen. Die von Barthes festgestellte „magische Faszination" des Objekts erreichte gerade deshalb eine solche Intensität, weil dies auf indirekte Weise, über ästhetische und kulturelle Codes geschah und geschieht.

Ästhetische und kulturelle Codes

Der Mythos der Technik und die Geschwindigkeit

Am Anfang der Geschichte des „Motorwagens" standen unausgereifte Erfindungen, die miteinander konkurrierten. Nebeneinander wurde an Verbesserungen des Gasmotors, des Elektromotors und des Benzinmotors gearbeitet, um eine taugliche Antriebsmaschine zu entwickeln. Auch zwischen den Fahrzeugtypen Zweirad, Dreirad und der vierrädrigen Kutsche mit Benzinmotor gab es einen Wettbewerb.

Elektrowagen

Bereits 1885 hatte Carl Benz ein Kraftdreirad erprobt und damit eine Stundengeschwindigkeit von 10–15 km erreicht. Seine vierrädrige Kutsche mit Benzinmotor von 1886 unterschied sich hiervon nur geringfügig. In den ersten Jahrzehnten spielte der Elektrowagen in den Städten noch eine konkurrierende Rolle zum benzingetriebenen Fahrzeug. Er eignete sich durchaus als Droschke und als Transportfahrzeug und erlebte nach dem Ersten Weltkrieg ein vorübergehendes Comeback. Da aber das Problem der schweren Batterie und deren Aufladung nicht befriedigend gelöst werden konnte, nahm seine Bedeutung unter den Automobilen ab (vgl. Mom 2004).

Autorennen

Mit steigender Leistungskraft wurden die neuen Maschinen mit den zeittypischen Mythen der Technik und der „Herrschaft über Raum und Zeit" codiert. Eine ritualisierte Form der Erprobung der Mensch-Maschine-Beziehung bildete sich in der Form der Autorennen früh in der Objektgeschichte heraus. 1895 fand ein erstes Rennen auf der Strecke Paris-Bordeaux-Paris statt, 1898 wurde eine Wettfahrt in Deutschland zwischen Berlin–Potsdam–Berlin veranstaltet, einer Strecke, auf der die Sieger bereits eine durchschnittliche Geschwindigkeit von 25,6 km pro Stunde erreichten. Außer der Erprobung der Fahreigenschaften und des Vergleichs der technischen Leistung des Autos stand bei diesen frühen Wettfahrten schon das Prinzip der kontinuierlichen Steigerung der Geschwindigkeit im Vordergrund (Eichberg 1987, S. 162). Dem darin definierten Wertmaßstab lag ein Leistungsbegriff zugrunde, der zunehmend als eine Symbolisierung der Leitbilder der Moderne faszinierte. Die Messung der Geschwindigkeit und die Steigerung der Rekorde war ein Vollzug des naturwissenschaftlichen Instrumentariums der technischen Moderne, die im 19. Jahrhundert zu einem wesentlichen Faktor des Fortschrittsbegriffs geworden war (vgl. Borscheid 2004).

Aufgrund dieser hohen symbolischen Bedeutungen und der darin enthaltenen Wertordnung der Optimierung von Leistung, entwickelten die Autoproduzenten an diesen Autorennen ein besonderes Interesse. Der Aspekt der äußersten Beanspruchung bei „vollem Tempo" wurde in Meyers Konversationslexikon von 1909 in einer bis heute gültigen Definition des Rennwagens hervorgehoben:

> » „Wagen von besonders großer Schnelligkeit. Da bei einem solchen Fahrzeug jede Schraube, jeder Bolzen, kurz das kleinste Detail bis auf das äußerste beansprucht wird, wenn der Wagen in vollem Tempo fährt, so dient der Rennwagen als Prüfstein für die Zuverlässigkeit der Konstruktion und Güte des Materials" (Meyers 1909, S. 191).

Erstaunlich schnell konnte das Tempo erhöht werden. 1911 erreichte der „Benz-Blitz" bereits einen bis 1924 gültigen Weltrekord von 228,1 km pro Stunde. Für einen Tourenwagen ging man 1909 bei einer Ma-

Abb. 2.4 Großes Internationales Automobilrennen 1937. Der Rennfahrer Bernd Rosemeyer durchfährt die Nordkurve der Avus. Geschwindigkeit, Motorleistung und der Wettkampf der Fahrer machten die Autorennen zu einem Spannung bindenden Ereignis der Massenkultur. (Quelle: Landesbildstelle Berlin)

schine von 150 PS von einer Durchschnittsgeschwindigkeit von etwa 80 km pro Stunde aus.

Mit wachsender Geschwindigkeit verdichteten sich die Autorennen zu einem sinnlichen Ereignis, der Intensivierung akustischer und visueller Reize, von Erlebnis und Genuss in der Akkumulation von Wahrnehmungen.[8] Bierbaum beobachtete bereits 1906 bei den frühen Rennen eine eigenartige Spannung: „Die Konkurrenzarbeit wird zum öffentlichen Drama" (ebd., S. 320). Dies galt für Fahrer wie Zuschauer gleichermaßen.

Nachdem 1921 in Berlin eine Autoversuchsstrecke, die AVUS, fertiggestellt worden war, entwickelten sich die Rennen in den 1920er- und 1930er-Jahren zu Höhepunkten eines beispiellosen Technikkultes. Der Mythos der Technik fand in der Sportberichterstattung von den Rennen einen zeitgemäßen Ausdruck. Mythisch war die „Weise des Bedeutens" (Roland Barthes 1964, S. 85), die Botschaft. Im ständigen Prozess der Präsentation des „Neuen" wurde in der Industriekultur die Einlösung des Glücksversprechens und das Bild des steuerbaren Fortschritts beschworen und reproduziert. Mit der immerwährenden technischen Neuerung als einem Fetisch der Objektgeschichte partizipierte das Auto an diesem Mythos und steigerte ihn (Abb. 2.4).

8 Mit dem Zeitalter der Fernsehübertragungen verdichtete sich die sinnliche Dimension der vielen Reize, da die „flüchtige" Bewegung der Rennwagen über mehrere Streckenkameras verfolgt wird.

Symbolisierung der sozialen Stellung und des Prestiges

Repräsentationsform

Waren die ersten Motorwagen im Prinzip Kutschen mit einem hinten aufmontierten Motor gewesen, so entwickelte sich um 1900 eine eigenständige Form des Autos (Petsch 1982, S. 36). Bei Tourenwagen befand sich der Motor nunmehr vorne, und die Karosserie bildete einen Raum für Fahrer und Fahrgäste. Aus der technisch bedingten Zweckform konstituierte sich eine kulturell bedingte Repräsentationsform. Dies entsprach allerdings älteren Konventionen, beispielhaft in der höfischen Gesellschaft realisiert, nach denen Prestigehierarchien in Form, Ausstattung, Komfort und Schmuck von Kutschen dargestellt worden waren. Der amerikanische Kultursoziologe Thorstein Veblen hatte diese Formen des Umgangs mit Statusobjekten in der Perspektive einer historischen Anthropologie 1899 auf die Formel gebracht: „Durch den demonstrativen Konsum wertvoller Güter erwirbt der vornehme Herr Prestige" (Veblen 1986, S. 85) (◘ Abb. 2.5).

In dieser Kontinuität übernahm das Auto bald Funktionen der Symbolisierung der Stellung seines Besitzers in der Gesellschaft. Im Glanz einer gestalteten Karosse-

◘ **Abb. 2.5** Beim Sportwagen Mercedes S demonstrierten der lang gezogene Motorblock und der wuchtige Kühler die Stärke der Maschine. Eine spezialisierte Karosseriebaufirma stattete dieses Auto mit Designelementen wie den verchromten Auspuffrohren aus, die das Prestige steigerten und das Auto zu einem Medium der sozialen Distinktion der Oberschichten machten, 1920er-Jahre. (Quelle: Landesbildstelle Berlin)

rie fanden die Repräsentationsbedürfnisse der Geld- und Geburtsaristokratie ein weiteres Medium. Um das Flair der Exklusivität zu bieten, griffen die Entwerfer auch auf Traditionen und Kunstformen zurück, die mit den Konnotationen der stilistischen Eleganz zugleich die Distinktion im Verhältnis zu einfachen Massenfabrikaten mittels eines breiten Spektrums von Formen des ästhetischen Aufwands, von Chrom am Kühlergrill, von Schnörkeln,Zierleisten bis zur Weißwandbereifung von einfacheren Massenfabrikaten garantierten.

Ausdruckskraft der Form als soziale Botschaft

Die ästhetische Ausdruckskraft der Form erhielt zugleich eine Aufladung als soziale Botschaft, als Zeichen eines gehobenen Ortes in der Gesellschaft. Im Verlauf der Objektgeschichte des 20. Jahrhunderts wurde das Auto so zu einem Medium und Symbol sozialgeschichtlicher Strukturen. Vermögende Geschäftsleute zählten bereits zu den frühen Autobesitzern, als es noch die Aura des Neuen besaß und Fortschrittlichkeit signalisierte, andererseits aber bürgerliche Einkommensverhältnisse für den Unterhalt voraussetzte. Erst im Prozess der Massenmotorisierung nach dem Zweiten Weltkrieg gelang es den kleinen Angestellten und Arbeitern, einen symbolischen Aufstieg in der Gesellschaft zu vollziehen, nämlich in ihrem Erscheinungsbild als Konsumenten.

Für soziale Aufsteiger „von unten" bekam der Wechsel vom Klein- zum Mittelklassewagen – wie vom *Käfer* zum *Opel Rekord* oder zum *Ford Taunus* – die Konnotation einer prestigetragenden Repräsentation des individuellen Fortkommens. Vielfach wurden diese Wirkungen der Massenmotorisierung später als symbolischer Ausdruck der Auflösung der Klassengesellschaft interpretiert, da in den 1970er-Jahren auch größere Wagen für besser verdienende Facharbeiter käuflich erwerbbar wurden (Beck 1986, S. 123). Ihre Anschaffung schien eine Nähe und Zugehörigkeit zu den anderen Fahrern und Besitzern dieser Automarke aus der Oberschicht zu symbolisieren. Wer als Facharbeiter, Angestellter oder Beamter mittleren Einkommens einen Mercedes vor seinem Haus oder seiner Wohnung parkte, setzte ein Statuszeichen in der Öffentlichkeit und im eigenen Lebens- und Wohnumfeld.

Das Auto als Bedeutungsträger für soziale Hierarchien

Dieser sich verbreitende Besitz exklusiver Autos relativierte zwar seine Tauglichkeit als Zeichen für eine soziale Klassenlage, doch die „feinen Unterschiede" (Bourdieu) verlagerten sich lediglich in die Differenzierungen der Angebotspalette des Herstellers und deren Kostenhierarchie. Waren beispielsweise die billigeren Modelle von Mercedes für gut verdienende Facharbeiter gerade noch erreichbar, so blieben die teuren Modelle gehobener Ausstattung nach wie vor dem Management und den Eigentümern der Unternehmen vorbehalten. Das Auto diente somit auch weiterhin als Bedeutungsträger für soziale Hierarchien. Natürlich erschöpfte sich die Nutzung von autoritätsgebietenden dunklen Limousinen durch Angehörige der Funktionseliten des Geschäftslebens nicht in dem Zweck der Fahrt zum Geschäftspartner. Vielmehr geht in die Wahl des Autotyps die symbolisch-ästhetische Dimension eines differenzierten Zeichensystems ein: Marke und Ausstattung müssen die innerbetriebliche Stellung des Vertriebsmannes oder Managers in erster Linie gegenüber Geschäftspartnern zum Ausdruck bringen, zugleich jedoch die Firma selbst nach außen darstellen.

Die Dienstwagen der Funktionsträger des Staates waren ohnedies unter dem Gesichtspunkt der ästhetischen Repräsentation von Staatsmacht und Würde des Amtsinhabers meist als Spezialanfertigungen gebaut worden. Zu erinnern ist beispielhaft an die großen Mercedesse der Bundeskanzler Konrad Adenauer und Willy Brandt.

Autodesign und zivilisatorische Bildlichkeit

In die Gestaltung der Autokarosserien gingen früh auch Verbildlichungen ein, die epochentypische Metaphern des Fortschritts darstellten. An einigen Beispielen möchte ich den Zusammenhang von kulturellen Kontexten und spezifischen Bedeutungen der Form von Autos verdeutlichen.

Als eine der ersten skulpturhaften Formen modellierte sich bei Automobilen mit starkem Motor eine lang gestreckte Motorhaube heraus, die die Kraft und die Bewegungsrichtung der darunter liegenden „Pferdestärken" visuell veranschaulichte. Mit dem sogenannten „Bootsstil" entwickelte sich dann um 1910 eine epochentypische Form, die im Zusammenhang der Emphase der technischen Zivilisation, aber auch vor dem historischen Hintergrund des Kaiserreiches vor dem Ersten Weltkrieg zu sehen ist. Die modernen Schiffe galten sowohl aufgrund ihrer Geschwindigkeit und technischen Perfektion als auch wegen ihrer funktionalen Formgestaltung als Symbolträger von Modernität. Daher ist die Übernahme der Bootsform für Autokarosserien als eine mehrschichtige Aufladung des Autos mit Prestige zu interpretieren. In ihr verbanden sich gleichermaßen die Konnotationen des Fortschritts, der schnellen Bewegung und der modernen technischen Zweckrationalität mit dem stilistischen Ideal von funktionaler Eleganz sowie mit dem Wertekanon des Imperialismus.

Zwei Jahrzehnte später entstand eine weitere Form zivilisatorischer Bildlichkeit, die Stromlinie. Mit der zunehmenden Geschwindigkeit setzte sich die Minderung des Luftwiderstandes als ein zentrales Kriterium für Formverbesserungen durch. Die Reduzierung des Strömungswiderstandes und die so gewonnene Geschwindigkeit wurden Ausgangspunkt für die neue Ästhetik (vgl. Burkhardt 1990, S. 221 ff.). Bereits die Karosserie des Weltrekordwagens von 1909, des *Blitzen-Benz,* war von aerodynamischen Formen bestimmt. Die Torpedoform und die Tropfenform galten als eine ideale Entsprechung zur hochmodernen Konstruktion des Zeppelins.

Stromlinienform

Ende der 1920er-Jahre entstand dann die Stromlinienform, deren kulturelle Semantik in der schnellen Beweglichkeit wurzelte. In den 1930er-Jahren verselbstständigten sich die aus der Funktionalität entwickelten stilistischen Merkmale der fließenden Linien – beispielsweise in lang gestreckten Kotflügeln – zu einer ästhetischen Form, die die Faszination der Geschwindigkeit als eine Dimension des Mythos der Technik veranschaulichte (vgl. Lichtenstein und Engler 1992). Die Designer nutzten die Stromlinie bald auch für unbewegliche Gegenstände wie Bleistiftspitzer, Radiogeräte oder Kühlschränke. Diese Form repräsentierte eine epochentypische Verheißung von Modernität, aber auch den funktionalen Anspruch, im Alltagsgefüge einer weiterentwickelten Massenkultur die individuellen Probleme mit gleitender Leichtigkeit zu überwinden.

Obwohl europäischen Ursprungs, wurde die Stromlinie in den 1930er-Jahren in verstärktem Maße in den USA kultiviert und kehrte mit den amerikanischen Objekten der Massenkultur schließlich in den 1950er-Jahren im „Traumwagenstil" als zeittypische Mode zurück. In diesem Kontext signalisierten die stromlinienförmigen verchromten „Straßenkreuzer" mit dem Haifischmaul den gestiegenen Lebensstandard. Vor dem Hintergrund dieser zivilisatorischen Bildlichkeit sind beispielsweise auch verschiedene Modelle des Opel *Rekord* oder des *Kapitän* der 1950er gestaltet worden.

Individueller Geschmack und subjektive Identität

Lange Zeit blieb die Steigerung des Komforts des „modernen Menschen" identisch mit *der* Zugehörigkeit zur vermögenden Oberschicht. Die im Volksmund verbreitete Formel, „sich mehr leisten können", war eine Chiffre für sozialen Aufstieg und verwies ebenso auf die Realität der sozialen Ungleichheit wie auf die unterschiedliche Chance auf Teilhabe an den Objekten der materiellen Kultur. In dem Maße, in dem sich jedoch mit der vollzogenen Massenmotorisierung die Bedeutung der bloßen Zugehörigkeit zum Kollektiv der Autofahrer relativierte, gewannen die Ausdrucksformen des individuellen Geschmacks in der Massengesellschaft an Gewicht.

Seit der Herausbildung der spezifischen Autoform hatte es Fabrikate in niedrigen Stückzahlen und Spezialanfertigungen gegeben, die der Repräsentation der Individualisierungswünsche ihrer vermögenden Besitzer entsprachen. Die Besonderheit des Modells wurde bei solchen luxuriösen Fahrzeugen in einer ästhetisierten Form zum Ausdruck gebracht. Mit der Tendenz zur Uniformität der seriellen Massenproduktion ging gleichzeitig ein Wunsch auch von Angehörigen der gering verdienenden Berufsgruppen nach einer individuellen Erscheinung einher.

Ausdrucksmedien für die Individualisierung von Serienautos wurden in der Auswahl von industriell hergestellten Extras, von speziellem Design sowie dem Spoilering angeboten. Mithilfe der vom Hersteller oder von der Zubehörindustrie angebotenen Teile konnte sich auch ein ästhetischer Aneignungs- und Gestaltungsprozess der Nutzer entfalten. Im Innenraum dienten Überformungen der Sitze nicht nur der Steigerung der Bequemlichkeit oder der individuellen Körperadäquanz, sondern zugleich der Einrichtung des Autos als individualisiertem Raum (vgl. Csikszentmihalyi und Rochberg-Halton 1989, S. 47). So war es in den 1950er-Jahren verbreitet, das Armaturenbrett mit einer Vase für Blumenschmuck oder mit einem Talisman zu verzieren. Das Anbringen von Abziehbildchen mit Ortsemblemen, Werbeslogans oder politischen Formeln entwickelte sich zu einer symbolischen Aneignungsform des Autos. Ein selbst gestricktes Kissen mit der Nummer des eigenen Fahrzeugs im Ablageraum unter dem Heckfenster war eine verbreitete Form, das Massenprodukt mit persönlichen Spuren zu besetzen und ihm eine individuelle Note zu verleihen.

Symbolische Aneignungsform

Macht und Freiheit

Bekundungen von Machtwünschen

Die Fahrpraxis ist in hohem Maße von der Art und Weise der Affektkontrolle des Individuums bestimmt. Die Herrschaft des Autofahrers über den Vorgang der Beschleunigung, über eine Kraft, die Bewegung hervorbringt, war immer auch eine Versuchung, die nicht-rationalen, unbewussten Bedürfnisse auszuleben. Mit der Fußbewegung des Gasgebens werden Potenzen freigesetzt, die um ein Vielfaches stärker sind als die körpereigene Kraft des Fahrers. Auf diesem Wege ist die Abreaktion von angestauter Aggressivität zu einer keineswegs seltenen Erfahrung im anonymen Massenverkehr geworden, obgleich die Gründe dafür außerhalb des Mensch-Maschine-Verhältnisses zumeist in den Alltagsbezügen zu suchen sind. Entsprechend zählen vielschichtige Formen der symbolischen Demonstration von Macht über eine Maschine zu den Aktionsformen im Verkehrsraum: Die demonstrative Beschleunigung und die Selbstinszenierung des Fahrers durch ein Aufheulen des Motors, das eindrucksvolle Schnellfahren und die Nötigung eines schwächeren und langsameren durch ein stärkeres Fahrzeug sind Bekundungen des Wunsches nach Macht.

Zweifellos gilt dies in einer geschlechtsspezifischen Weise überwiegend für männliche Verkehrsteilnehmer.

Aufgrund seines erfahrbaren Gebrauchswertcharakters verband sich andererseits mit dem Auto erstaunlich früh das Symbol von Freiheit, was Bierbaum bereits 1906 in seiner Beschreibung explizit herausstellte:

> » „Die Eisenbahn hat aus dem Reisenden den Passagier gemacht, den Durchreisenden. Wir wollen nun aber nicht mehr an allen den Schönheiten vorbeifahren, für die der Fahrplan keine Haltestelle vorgesehen hat. Wir wollen wirklich wieder reisen, als freie Herren, mit freier Bestimmung, in freier Lust […] Das Reisen im Automobil bringt nicht bloß eine körperliche, sondern auch eine geistige Massage mit sich, und gerade darin liegt das Belebende, Frischmachende. An die Stelle des passiven Reisens tritt wieder das aktive" (Bierbaum 1906, S. 333).

Semantik der Freiheit

Im Zuge der Durchsetzung dieser Semantik der Freiheit erreichte der Slogan „freie Fahrt für freie Bürger" in den 1960er-Jahren hohe Popularität. Er propagierte die Priorität individueller Entfaltungsansprüche gegenüber den Beschränkungen durch gesellschaftlich-kollektive Interessen. Vor allem die unbeschränkte Geschwindigkeit auf den Autobahnen lud sich mit einem Pathos von Freiheit auf, das eine radikale Beziehungslosigkeit gegenüber den Folgen des Autofahrens einschloss. In dieser Situation wurde die emotionale Objektbindung an das Auto, die Macht über Geschwindigkeit und die unbeschränkte Freiheit, diese auszuleben, zu einem hochrangigen ideologischen Wert erhoben. Ob dies aufgrund eines Defizits an freiheitlicher politischer Kultur in besonderem Maße in Deutschland galt, als Ausdruck erreichter Selbstverwirklichung des Stärkeren, bliebe weiter zu erkunden.

Macht über Geschwindigkeit als hochrangiger ideologischer Wert

Eine Schlussbemerkung

Die Kritik am Auto entzündete sich an den Folgen seiner quantitativen Verbreitung. Mit der Massenmotorisierung und dem Massentourismus erreichten Negativfolgen wie die Abgasentwicklung ein Ausmaß (Waldsterben, Beitrag zur Aufheizung der Erdatmosphäre etc.), das die Diskussion um die Alternativen zum Auto seit den 1980er-Jahren vorantrieb und zugleich offenlegte, dass nur Lösungen im inneren Zusammenhang der Konfiguration der schnellen Beweglichkeit Chancen zur Realisierung besitzen. Das in der arbeitsteiligen Gesellschaft strukturell angelegte Erfordernis der Mobilität, aber auch die Apologie der individuellen Beweglichkeit als Gewinn an Lebensgenuss, sind so tief in der modernen Kultur verwurzelt, dass die Notwendigkeit, den Autoverkehr einzuschränken, schnell Grenzen der Durchsetzbarkeit erreicht.

Das Elektroauto könnte dazu beitragen, zwei Lösungsansätze zur Neustrukturierung der Kultur der individuellen Beweglichkeit durchsetzungsfähig zu machen. Das betrifft zunächst das Konzept der Territorialisierung des städtischen Raums in solche Zonen, die für benzinbetriebene Autos zugelassen sind und solche, bei denen dies nicht der Fall ist. Sollten letztere für den Betrieb von Elektroautos freigegeben werden, könnte dies den Widerstand gegen die Einrichtung von „Verbotszonen" erheblich reduzieren. Ferner eignet sich das Elektroauto als ein sinnvoller Bestandteil von Verbundlösungen, also der Kombination von Verkehrssystemen im Schienen- und Straßennetz. Die Anreise bis an den Stadtrand würde mit der Bahn erfolgen, während die individuelle Mobilität in der Innenstadt durch das Elektroauto gewährleistet ist, dessen technische Merkmale den reibungslosen und komfortablen Betrieb auf kurzen Strecken ohne Weiteres ermöglichen. Die Umsteigestationen von der Bahn auf das Elektroauto könnten umfassend mit Strom-Zapfsäulen ausgestattet sein, sodass die im Park-And-Ride-System unvermeidlichen Standzeiten der Autos für den Vorgang der Batterieaufladung nutzbar wären. In jedem Fall müssten neuartige Elektroautos entwickelt werden, die auf die Gebrauchswerte ausgerichtet sind, die in der Konfiguration der modernen Alltagskultur verankert sind. Dass ein völliger Verzicht auf die Distinktionswünsche und die Statusrepräsentation Erfolg verspricht, muss vor dem Hintergrund der kulturgeschichtlich tradierten Mentalitätsmuster und der gegenwärtigen Kulturformen, in denen die Bedürfnisse der aneignenden Subjekte eingeschrieben und ausgelebt werden, bezweifelt werden.

Gerade weil das Auto als Objekt der individuellen Beweglichkeit kaum zu ersetzen sein wird, kommt dem Elektroauto eine besondere Bedeutung bei der Transformation älterer in zukunftsweisende kulturelle Mobilitätsformen zu, um die in der mehr als hundertjährigen Objektgeschichte entstandenen Negativfolgen dieses „Leitfossils" der Moderne einzudämmen (vgl. Aicher 1984).

„Objekt der Begierde"

Das Elektroauto im politischen Kräftefeld

Oliver Schwedes

Inhaltsverzeichnis

O. Schwedes, M. Keichel (Hrsg.), *Das Elektroauto*, ATZ/MTZ-Fachbuch,
https://doi.org/10.1007/978-3-658-47643-4_3

Einleitung

In den letzten vier Jahrzehnten gab es die verschiedensten gesellschaftlichen Zeitdiagnosen, die alle einen tiefgreifenden sozialen Wandel attestieren. Seit der allgemeinen Diagnose einer „neuen Unübersichtlichkeit" des Sozialphilosophen Jürgen Habermas (1985), wurden verschiedene Versuche unternommen, die neuen gesellschaftlichen Verhältnisse auf den Begriff zu bringen, angefangen mit der Postmoderne bzw. dem Postfordismus, über die Risiko- und Erlebnis- bis zur Netzwerkgesellschaft. Auch wenn jeder dieser Definitionsversuche einen Aspekt der aktuellen Entwicklungsdynamik erfasst hat, zur Bezeichnung einer neuen Gesellschaft insgesamt hat sich keine der Beschreibungen durchgesetzt.

Das Elektroauto im gesellschaftspolitischen Kontext

In diesem Beitrag soll ein anderer Ansatz verfolgt werden, wenn im Folgenden das Elektroauto im gesellschaftspolitischen Kontext betrachtet wird. Wir werden uns darauf konzentrieren, gesellschaftliche Entwicklungsprozesse angemessen zu beschreiben, ohne sie durch die Brille eines bestimmten gesellschaftlichen Paradigmas zu betrachten. Dabei kann an die von den erwähnten Zeitdiagnosen weithin geteilte Einsicht angeknüpft werden, dass wir nach wie vor in einer kapitalistischen Gesellschaft leben, die sich im Vergleich zu allen vorangegangenen Gesellschaftsformen durch eine besonders wirkungsmächtige ökonomische Entwicklungslogik auszeichnet. Die große Innovationsdynamik des kapitalistischen Verwertungsprozesses hatten schon Mitte des 19. Jahrhundert Karl Marx und Friedrich Engels im Kommunistischen Manifest als eine progressive Kraft begrüßt, die immer wieder aufs Neue wirksam wird und die gesellschaftlichen Verhältnisse umwälzt: „Alles Ständische und Stehende verdampft, alles Heilige wird entweiht, und die Menschen sind endlich gezwungen, ihre Lebensstellung, ihre gegenseitigen Beziehungen mit nüchternen Augen anzusehen" (MEW 1972, S. 465). Ähnlich euphorisch hatte zu Beginn des 20. Jahrhundert der Ökonom Joseph Schumpeter diesen „Prozess der schöpferischen Zerstörung", als das Wesen kapitalistischer Entwicklung gepriesen: „Der Kapitalismus ist also von Natur aus eine Form oder Methode der ökonomischen Veränderung und ist nicht nur nie stationär, sondern kann es auch nie sein" (Schumpeter 1950/1942, S. 136).

Das Wesen kapitalistischer Entwicklung

Die „Teufelsmühle"

Im Gegensatz zu dieser euphorischen Begrüßung der kapitalistischen Innovationskraft, hatte der Wirtschaftshistoriker Karl Polanyi die negativen sozialen Dimensionen vor Augen, als er in den 1940er-Jahren im Rückblick auf den Laissez-Faire-Kapitalismus des 19. Jahrhundert einen zwanghaften Zerstörungsprozess diagnostizierte (Polanyi 1995/1944). Die mit der ungehemmten Industrialisierung einhergehende Verelendung des Proletariats hat er mit der weitgehenden Herauslösung des kapitalistischen Wirtschaftsprozesses aus dem gesellschaftlichen Kontext erklärt. Diese entfesselte Wirtschaftsdynamik beschrieb Polanyi als „Teufelsmühle", von der die Menschen, sollten sie der ökonomischen Entwicklung nicht folgen (können), zermalmt werden. Er hat daraus die Konsequenz gezogen, dass die wirtschaftliche Entwicklung immer eingebettet sein müsse in einen sozialen Kontext, der die Richtung und die Grenzen der ökonomischen Entwicklungslogik bestimmt. Der kapitalistische Entwicklungsprozess zeichne sich aus durch ein Wechselspiel der innovationsgetriebenen Herauslösung der ökonomischen Entwicklungsdynamik aus den überkommenen sozialen Kontexten einerseits und ihrer Reintegration im Rahmen neu geschaffener sozialer Verhältnisse andererseits. Motiviert durch die ‚Soziale Frage' erfolgte schließlich die gesellschaftliche Reintegration der Industriearbeiterschaft durch den Aufbau sozialer Sicherungssysteme im Wohlfahrtsstaat. Von da an hatte der Staat im Rahmen der Daseinsvorsorge die Aufgabe, bestimmte Basisleistungen zu erbringen, für die Menschen in modernen Gesellschaften, anders als in der Vergangenheit, nicht mehr selbst sorgen können. Neben verschiedenen Versicherungsleistungen wie der Kranken-, Unfall- und Rentenversicherung, zählten dazu insbesondere Infrastrukturleistungen wie der Hausanschluss für Wasser, Strom sowie die Kanalisation, aber auch eine angemessene Verkehrsanbindung sollte die öffentliche Verwaltung bereitstellen (vgl. Schwedes und Ringwald 2021).

Mobilität als gesellschaftliche Basisleistung

Ökologische Grenzen ökonomischer Entwicklung

Die von Polanyi vorgelegte Analyse kapitalistischer Entwicklung bildet den Ausgangspunkt dieses Beitrags, der das Elektroauto zum Anlass nimmt, um die politischen Rahmenbedingungen für eine neue Mobilitäts*kultur* auszuloten. Demnach bilden die weltweite Finanz- und Wirtschaftskrise von 2008 wie auch die Krise der Europäischen Wirtschaftsunion ab 2010 den vorläufigen Höhepunkt einer Phase ökonomischer Entkopplung von den sozialen Kontexten, gefolgt von einer Debatte über die Möglichkeit einer Rückführung der (Finanz-)Ökonomie in neu zu schaffende gesellschaftliche Rahmenbedingen mit entsprechenden Spielregeln (vgl. Tooze 2018). Während mit dieser Entwicklung auch heute große soziale Verwerfungen einhergehen, sind darüber hinaus die ökologischen Folgen als eine neue Herausforderung auf die politische Agenda getreten. Im internationalen Maßstab zeichnen sich zunehmend die ökologischen Grenzen der einseitig ökonomisch getriebenen Globalisierung ab (vgl. Altvater und Mahnkopf 2007). Dabei spielen die globalen Verkehrsströme, die sich fast vollständig aus dem fossilen Energieträger Öl speisen und dessen Verbrennung eine wesentliche Ursache für den Klimawandel mit all seinen Folgeschäden bildet, eine besondere Rolle.

Das Elektroauto im gesellschaftlichen Transformationsprozess

In Anbetracht dieser Herausforderung erscheint das auf der Grundlage erneuerbarer Energien betriebene Elektroauto als Hoffnungsträger für einen Wechsel von einer fossilen zu einer postfossilen Mobilitätskultur (Schindler et al. 2009). In dem vorliegenden Beitrag werden die politischen Voraussetzungen einer erfolgreichen Etablierung des Elektroautos vor dem Hintergrund eines notwendigen gesamtgesellschaftlichen Transformationsprozesses untersucht. Dabei kann die Gesamtentwicklung heute nicht vollständig prognostiziert werden. Sie lässt sich nicht allein aus ökonomischen Gesetzmäßigkeiten, sozialen Strukturen, technischen Entwicklungstrends oder kulturellen Traditionslinien ableiten. Vielmehr lautet die These, dass über die zukünftige Mobilitätskultur – also auch über das Elektroauto – insbesondere politisch entschieden werden muss. Vor diesem Hintergrund erscheint eine Aufklärung über Möglichkeiten und Grenzen politischer Gestaltung im Politikfeld Verkehr hilfreich.

Wer redet wie über das Elektroauto und vor allem warum?

Blick zurück in die Zukunft

Medienhype Elektroauto

Der Medienhype um das Elektroauto vermittelte in den letzten Jahren den Eindruck, als handele es sich bei diesem technischen Artefakt um eine gewaltige Innovationsleistung. Nur selten wurde die 125-jährige Geschichte des Elektroautos thematisiert. Dabei waren um das Jahr 1900 noch 40 % der Autos in den USA dampfbetrieben, 38 % elektrisch und nur 22 % fuhren mit Benzin. Zu diesem Zeitpunkt konkurrierten also noch drei Technologien miteinander und es war noch keinesfalls entschieden, welche sich durchsetzen würde. Der Ingenieur und Technikhistoriker Gijs Mom (2004) zeigt in seiner Soziogenese des Elektroautos, dass nicht nur technologische Vorteile, sondern verschiedene kulturelle Einflüsse den Erfolg des Verbrennungsmotors erklären. Der Reiz des Verbrenners im Vergleich zum Elektroauto lag gerade in seiner anfänglichen Unvollkommenheit bzw. Fehleranfälligkeit, so seine zentrale These. Sie war Teil des Abenteuers, bei dem insbesondere Männer es darauf anlegten zu demonstrieren, dass sie die Maschine eigenhändig beherrschten. Demgegenüber wurde das damals viel verlässlichere Elektroauto als ‚Frauenauto' stigmatisiert. Mom zeigt, wie der spezifische kulturelle Kontext dem Verbrennungsmotor zum Durchbruch verhalf. Dabei übernahm das Benzinauto sukzessive die erfolgreich am Elektroauto erprobten technischen Innovationen, wie z. B. das geschlossene Chassis oder die verstärkten Mantelreifen. Schließlich trug die Erfindung des elektrischen Anlassers dazu bei, dass sich im Verbrennungswagen das Abenteuer mit Verlässlichkeit und Komfort verband. Die „Rennreiselimousine" war geboren (vgl. Knie 1997).

Metamorphose des Automobils

Unter veränderten kulturellen Rahmenbedingungen wäre heute eine gegenläufige Technikgenese vorstellbar. Sollte sich das positive Image des Benzinautos als Rennreiselimousine aufgrund eines Kulturwandels zugunsten der ökologischen Frage ins Negative verkehren, könnte das Automobil eine erneute Metamorphose vollziehen und sich schrittweise vom reinen Benzinauto zum Elektroauto entwickeln. Die jetzt schon vorhandenen Hybridvarianten deuten in diese Richtung. Allerdings stellt sich der Verkehrssektor heute anders dar als zu Beginn des 20. Jahrhunderts, als noch offen war, welcher technologische Entwicklungspfad beschritten und welche kulturellen Besonderheiten den Ausschlag geben würden. Mom sieht heute die etablierten Strukturen des großtechnischen Systems der Rennreiselimousine mit einer Vielzahl daran partizipierender Akteure und ihren spezifischen Interessen als eine wesentliche zusätzliche Hürde bei der Entwicklung des Elektroautos (vgl. Mom 2011). Anders als in den Anfängen der Automobilentwicklung müsste heute der kulturelle Wandel durch politische Entscheidungen systematisch flankiert werden. Politik hätte also die Aufgabe sich bewusst gegen die Interessen der etablierten Akteure des großtechnischen Systems Benzinauto zu richten und die am Elektroauto interessierten neuen aber bisher noch marginalisierten Akteure stärker berücksichtigen, um das Elektroauto als Teil einer nachhaltigen Verkehrsentwicklungsstrategie zu unterstützen (vgl. Hoogma et al. 2002).

Das großtechnische System der Rennreiselimousine

3

Der e-mobility Hype im Vergleich – Die 1990er und heute

Eine Genealogie des Scheiterns

Nachdem sich in der ersten Hälfte des 20. Jahrhunderts der Verbrennungswagen durchgesetzt hatte, wurde das Elektroauto immer wieder neu entdeckt. Dennoch offenbart der historische Rückblick eine Genealogie des Scheiterns. Vor der aktuellen Wiederentdeckung des Elektroautos gab es den letzten großen e-mobility Hype in den 1990er-Jahren (vgl. Wallentowitz in diesem Band). Trotz seiner internationalen Aufmerksamkeit, verschwand er ebenso schnell wie er gekommen war. Vor diesem Hintergrund werden im Folgenden die beiden medial vermittelten e-mobility Diskurse einer vergleichenden Betrachtung unterzogen, um vor allem zwei Fragen zu beantworten: *Erstens,* ist die Chance einer erfolgreichen Etablierung des Elektroautos heute größer als noch vor 20 Jahren? *Zweitens,* deuten die aktuellen Entwicklungstendenzen darauf hin, dass eine erfolgreiche Etablierung des Elektroautos einen Beitrag zu einer nachhaltigen Verkehrsentwicklungsstrategie leisten würde?[1]

Gemeinsamkeiten der beiden Elektromobilitätsdiskurse

Der erste Hype um das Elektroauto

Der Vergleich der beiden Elektromobilitätsdiskurse aus den 1990er- und 2000er-Jahren offenbart auf den ersten Blick eine Reihe von Gemeinsamkeiten. In beiden Fällen handelte es sich um einen Medienhype, der für die meisten Beteiligten überraschend und unerwartet kam. Damals wie heute fokussierte sich der Diskurs auf das Elektroauto. Eine genauere Betrachtung zeigt, dass das Elektroauto, nachdem es noch bis in die 1920er-Jahre gleichwertig neben dem Automobil mit Verbrennungsmotor existiert hatte und in den darauffolgenden Jahrzehnten vom Verbrennungsmotor verdrängt wurde, niemals ‚tot' war. Seit Ende des Zweiten Weltkriegs findet sich fast in jedem Jahrzehnt wenigstens eine Studie, die dem Elektroauto eine große Zukunft bescheinigt. Dementsprechend resümierte der Spiegel Ende der 1990er-Jahre: „In fast zyklischer Folge wiederholt sich die Erneuerung des Interesses am Elektroauto, mit den immer gleichen Argumenten für und wider" (Der Spiegel, 26.04.1999). Aber erst der Diskurs in den 1990er-Jahren rechtfertigt es, von einem Hype zu sprechen, während es zuvor nur vereinzelte Nachrichten gab.

Wirtschaftskrise und Ökologiebewegung

Ebenso wie der jüngste Hype um die Elektromobilität wurde auch der Diskurs der 1990er-Jahre durch das zeitliche Zusammentreffen von zwei bedeutenden gesellschaftspolitischen Ereignissen bestimmt. Erstens war der Beginn der 1990er-Jahre durch eine Wirtschaftskrise geprägt, von der insbesondere die Automobilindustrie betroffen war (vgl. Haipeter 2001). Diese ökonomische Krisenstimmung verband sich zweitens mit dem Höhepunkt der Ökodebatte, die Anfang der 1990er-Jahre in der ersten Diskussion über den Klimawandel gipfelte und von dem Historiker Joachim Radkau als Zeitenwende der Ökologiebewegung charakterisiert wird (vgl. Radkau 2011, S. 488 ff.). Im Ergebnis geriet insbe-

1 Der folgende Abschnitt basiert auf der Studie von Schwedes et al. (2011).

sondere die Automobilindustrie in eine Legitimationskrise, die sich spätestens in den 1980er-Jahren mit der Nachricht über das Waldsterben bereits anbahnte. Seitdem wurde das Auto als einer der zentralen Umweltsünder identifiziert und geriet zunehmend in das Visier der Ökologiebewegung, sodass Anfang der 1990er-Jahre das Ende des Automobils ausgerufen und ein grundlegender Wandel des Verkehrssystems gefordert wurde (vgl. Vester 1990; Berger und Servatius 1994; Canzler und Knie 1994).

Legitimationskrise der Automobilindustrie

Die Automobilindustrie geriet in die Defensive und ließ sich auf Diskussionen mit ihren stärksten Kritikern ein. Diskutiert wurde der Umbau der Automobilindustrie vom Autobauer zum Mobilitätsdienstleister. In dieser gesellschaftlichen Stimmungslage sollte das Auto, wenn schon nicht abgeschafft, so wenigstens neu erfunden werden, wobei insbesondere auf neue Antriebstechnologien gesetzt wurde. Zur selben Zeit verabschiedete der US-Bundesstaat Kalifornien das Zero Emission Vehicle Programm, das von jedem Autokonzern verlangte, bis Ende der 1990er-Jahre mindesten zwei Prozent abgasfreie Autos zu produzieren – zum damaligen Zeitpunkt konnten das nur Elektroautos sein. Andernfalls dürften die Unternehmen in Kalifornien keine Autos mehr verkaufen. Daraus resultierte eine weitere Motivation für die deutsche Automobilindustrie, sich gegenüber dem Thema Elektroauto nicht länger zu verschließen.

Dennoch verhielt sich die deutsche Automobilindustrie eher zurückhaltend, da sie sich mit Blick auf das Elektroauto in ihrer Kernkompetenz, den einhundert Jahre lang immer weiter entwickelten Verbrennungsmotor, bedroht sah. Diese zögerliche Haltung wurde in den Medien kritisiert. Seit Jahrzehnten würde nur lustlos herumgebastelt und die Forschung darauf beschränkt, mit Elektromotoren ausgestattete Standardkarosserien zu testen (vgl. Der Spiegel, 08.07.1991). Verkehrsexperten sahen bereits 1991 im Elektroauto kein Potenzial, um einen herkömmlichen Pkw vollwertig zu ersetzen. Stattdessen befürchteten sie, mit dem Elektroauto könne der Trend zum Zweit- und Drittauto verstärkt werden.

Politik und Stromkonzerne als treibende Kräfte

Die treibende Kraft in den 1990er-Jahren war die Politik, unterstützt von den Stromkonzernen. Beide versprachen sich einen Vorteil von dem Thema. Während die Politik einen Imagegewinn durch nachhaltige Symbolpolitik anstrebte, wollten sich die Stromkonzerne einen neuen Absatzmarkt erschließen. Beworben wurde das Elektroauto als das perfekte Stadtauto, mit dessen begrenzter Reichweite die allermeisten Wege in der Stadt bewältigt werden können. Das Elektroauto sei das optimale Nischenfahrzeug für Kurzstrecken, stadtregionale Pendlerdistanzen, Kurorte u. ä. Außerdem sei es eine optimale Einsatzvariante für Flottenbetreiber (z. B. Frankfurter Rundschau, 06.05.1995, 11.05.1996).

Stimmungswandel gegen das Elektroauto

Die deutsche Politik entschied sich 1992 für die Weiterentwicklung und Erprobung des Elektroautos durch die Förderung des damals weltweit größten Forschungsprojekts auf der Insel Rügen und einzelne Bundesländer beteiligten sich zusätzlich an der Finanzierung durch kleine Pilotprojekte. Doch in dem Maße wie der Umweltdiskurs nachließ und sich die Automobilbranche von der Wirtschaftskrise erholte, sank das Interesse an dem Hoffnungsträger einer nachhaltigen Verkehrsentwicklung. Als 1996 die Ergebnisse des Rügen-Projekts vorlagen und zeigten, dass das Elektroauto aufgrund des damaligen bundesdeutschen Strommixes keinen positiven Umwelteffekt einfahren würde und sich seine Nutzung auch ökonomisch nicht darstellen ließe, da die Batterien zu teuer waren und zudem nur über eine begrenzte Reichweite verfügten (vgl. Voy 1996), kippte die Stimmung gegen das Elektroauto.

Die Politik konnte sich mit dem Elektroauto nicht länger als ökologischer Vorreiter profilieren und die deutsche Automobilindustrie nutzte die Situation, um sich von einer ungeliebten Alternativtechnologie zu verabschieden, indem sie die Ursachen für das Scheitern den Batterieherstellern und ihren fehlenden Entwicklungsanstrengungen zuschob. Die Energiewirtschaft wiederum kritisierte die Automobilindustrie dafür, dass sie sich nicht auf die technologische Innovation Elektroauto einlassen würde und keine Bereitschaft zeige, ihre konventionellen Vehikel den spezifischen Anforderungen von Elektrofahrzeugen entsprechend anzupassen.

Der zweite Hype um das Elektroauto

Unter ganz ähnlichen Bedingungen wie in den 1990er-Jahren, begann im Jahre 2007 der aktuelle Elektromobilitätshype. Auch diesmal stand am Anfang eine weltweite Wirtschaftskrise, von der unter anderem auch die Automobilindustrie betroffen war. Die ökonomische Krise fiel mit der Debatte über den Klimawandel erneut in eine Zeit ökologischer Krisenstimmung. Zeitgleich mit dem Ausbruch der Finanz- und Wirtschaftskrise, veröffentlichte das *Intergovernmental Panel on Climate Change* seinen weltweit beachteten vierten Sachstandsbericht (vgl. IPCC 2007). In dieser Situation ging es zum einen darum, die für Deutschland bedeutende Wirtschaftsbranche Automobilindustrie in der Krise zu unterstützen. Zugleich sah sich die deutsche Politik gezwungen, den Eindruck zu vermeiden, dies geschehe auf Kosten der Umwelt bzw. der CO_2-Bilanz. Daraufhin wurde in den beiden Konjunkturpaketen zur Förderung der deutschen Wirtschaft neben der sog. ‚Umweltprämie', die jeder erhielt, der sein altes Auto gegen ein neues tauschte, auch die Förderung der Elektromobilität mit 500 Mio. EUR beschlossen. Trotz der relativ geringen Summe (im Vergleich zu den 5 Mrd. EUR für die Umweltprämie), erlangte das Elektroauto dennoch überraschend schnell eine gewisse Medienhoheit. Das Elektroauto entwickelte sich ein weiteres Mal, wie schon in den 1990er-Jahren, zum Hoffnungsträger einer nachhaltigen Verkehrsentwicklung. Dabei war die Politik erneut die treibende Kraft, indem sie dem Elektroverkehr eine strategische Bedeutung zuwies und für Deutschland im *Nationalen Entwicklungsplan Elektromobilität* das wirtschaftspolitische Ziel formulierte, in diesem Bereich die Weltmarktführerschaft zu erlangen (vgl. Die Bundesregierung 2009). Aktive Unterstützung fand die Politik vonseiten der Energiewirtschaft, wobei der Energiekonzern RWE mit öffentlichkeitswirksamen Aktivitäten eine Vorreiterrolle übernahm. Wiederum hofften die Energiekonzerne auf neue Märkte, während die Automobilindustrie eine eher passiv abwartende Rolle einnahm (vgl. Warnstorf Berdelsmann 2012). Über deren skeptische Grundeinstellung sollte eine starke Medienpräsenz hinwegtäuschen, die sowohl in den 1990er als auch in den 2010er-Jahren durch Annoncen-Kampagnen bestimmt war. Darin kündigten die Automobilunternehmen das serienreife Elektroauto als in Kürze verfügbar an; auf diversen Automobilmessen wurden wie zum Beweis die ersten Prototypen präsentiert.

Hoffnungsträger einer nachhaltigen Verkehrsentwicklung

Substitution des Verbrennungsmotors durch den Elektroantrieb

Diesen Darstellungen steht eine geringe Zahl tatsächlich marktreifer Elektroautos gegenüber. Alle Pilotprojekte der ersten Stunde hatten mit langen Wartezeiten zu kämpfen, bevor die ersten Fahrzeuge auf der Straße waren. Auch zu Beginn der zweiten Förderungswelle im Jahr 2013, standen für die geplanten Forschungsprojekte nicht genügend Elektrofahrzeuge zur Verfügung. Dabei handelte es sich in der Regel um herkömmliche Fahrzeugkonzepte, die kurzfristig zum Elektroauto umgerüstet wurden. Wie schon in den 1990er-Jahren setzt die Automobilbranche in erster Linie auf die Substitution des Verbrennungsmotors durch den Elektroantrieb. Weitgehend unberücksichtigt bleiben heute wie damals die aus den Restriktionen des Elektroautos resultierenden besonderen Anforderungen an die Nutzerinnen und Nutzer. Die hohen Kosten der Batterie verhindern kurz und mittelfristig die private Anschaffung von Elektroautos und die begrenzte Reichweite verträgt sich nicht mit der favorisierten Substitutionsstrategie. Denn ein Elektroauto kann einen Verbrenner nicht ersetzen, vielmehr handelt es sich um eine technische Innovation deren Erfolg von der Bereitschaft zu neuen Gebrauchsformen des Automobils abhängt (vgl. Ahrend und Stock in diesem Band). Die Nutzerperspektive findet aber kaum Berücksichtigung in den öffentlich geförderten Projekten. Erneut rückt der mediale Hype das Elektroauto als den Heilsbringer in den Fokus der verkehrspolitischen Debatten, während demgegenüber seine notwendige Einbindung in ein übergeordnetes verkehrspolitisches Gesamtkonzept ausgeblendet bleibt.

Heilsbringer Elektroauto

Wie in den 1990er-Jahren weichen die anfänglich optimistischen Prognosen zur Entwicklung des Elektroverkehrs einer zunehmend skeptischen Sicht. Rechnete die Bundesregierung bisher mit einer Million Elektroautos auf deutschen Straßen im Jahr 2020, prognostizierte das Institut der Deutschen Wirtschaft schon zwei Jahre später mit höchstens 220.000 Stück (vgl. IDW 2011). Im Jahr 2024 sind die Neuzulassungen von Elektroautos um 25 % zurückgegangen, insgesamt betrug ihr Anteil am gesamten Fahrzeugbestand mit 1,5 Mio. Fahrzeugen rund 3 %. Damit rückt das Ziel der Bundesregierung, bis 2030 rund 15 Mio. reine Batterieautos auf deutschen Straßen zu haben, erneut in weite Ferne (Statista 2025). (■ Tab. 3.1).

■ Tab. 3.1 Die diskursiven Ereignisse

Jahr/ Zeitraum	Ereignis	Kurzbeschreibung
1990–2001	Phase sehr niedriger Ölpreise	Die 1990er-Jahre sind, mit Ausnahme der Preissteigerungen in den Jahren 1990 und 1991 als Folge des Zweiten Golfkrieges, durch sehr niedrige Ölpreise gekennzeichnet. Die Preise bewegen sich noch unter den inflationsbereinigten und somit realen Werten zu Beginn des 20. Jahrhunderts
1990	Wirtschaftskrise in der Automobilindustrie	Das fordistische Produktionssystem der Automobilindustrie geriet Anfang der 1990er-Jahre in eine tiefe Krise, die auch das Selbstverständnis der Branche berührte. Die Automobilbranche diskutierte eine völlige Neuorientierung weg vom Automobilbauer hin zum Mobilitätsdienstleister
1990	Zero Emission Vehicle (ZEV) Program	Das California Air Resources Board (CARB) beschließt als Reaktion auf die hohe Luftverschmutzung das ZEV Program, welches eine Quote für die Einführung von Nullemissionsfahrzeugen vorsieht. Ab 1998 müssten demnach jährlich zwei Prozent der verkauften Neufahrzeuge Nullemissionsfahrzeuge sein. Bis 2003 soll die Quote auf zehn Prozent ansteigen. Nach dem damaligen Stand der Technik kamen nur batteriebetriebene Fahrzeuge als Nullemissionsfahrzeuge infrage
1992	Start des Elektrofahrzeug-Großversuchs auf der Insel Rügen	Start des vom damaligen Bundesministerium für Forschung und Technologie geförderten Großversuchs mit Elektrofahrzeugen auf der Insel Rügen. Der bis dahin weltweit größte Feldversuch mit 60 Elektrofahrzeugen, darunter überwiegend konventionelle Autos, welche auf einen Elektroantrieb umgerüstet wurden. Den Fokus der Untersuchung bilden die technische Alltagstauglichkeit und die ökologischen Auswirkungen
1996	CARB zieht Quote für ZEV für 1998 zurück	Das CARB zieht die für 1998 vorgesehene Quote für die Einführung von Nullemissionsfahrzeugen zurück. Nach Gesprächen des CARB mit Vertretern der Automobilindustrie wird erkannt, dass die Industrie mehr Zeit für die Weiterentwicklung der Technik benötige. Die Quote für das Jahr 2003 hat weiterhin Bestand
1996	Ende des Elektrofahrzeug-Großversuchs auf der Insel Rügen	Nach dem Ende des Großversuchs mit Elektrofahrzeugen der Insel Rügen erfolgt die offizielle Ergebnisdarstellung. Aufgrund ökologischer Nachteile werden die Ergebnisse u. a. vom Bundesministerium für Bildung, Wissenschaft, Forschung und Technologie vom Umweltbundesamt und von Vertretern der Presse negativ beurteilt. Gründe für das negative Resultat sind der hohe Energieverbrauch der damaligen Elektrofahrzeuge sowie der damalige Strommix
1996	GM EV1 kommt auf den Markt	GM bietet das in Serie gebaute Elektroauto EV1 in ausgewählten Regionen der USA als Leasingfahrzeug an. In den Folgejahren kommen weitere Elektrofahrzeuge wie z. B. Ford Ranger EV und Toyota RAV4 EV auf den Markt

Tab. 3.1 (Fortsetzung)

Jahr/ Zeitraum	Ereignis	Kurzbeschreibung
1997	Kyoto-Protokoll wird beschlossen	Die Industrienationen verpflichten sich mit dem Kyoto-Protokoll zu einer Senkung der Treibhausgasemissionen um 5 % bis zum Zeitraum 2008–2012 gegenüber dem Basisjahr 1990 bzw. 1995. Mit dem Kyoto-Protokoll werden für die Industrieländer erstmals völkerrechtlich verbindliche Zielwerte für den Ausstoß von Treibhausgasen festgelegt
2000	Gesetz für den Vorrang Erneuerbarer Energien (Erneuerbare-Energien-Gesetz, EEG) tritt in Kraft	Das Gesetz für den Vorrang Erneuerbarer Energien betrifft die Stromerzeugung und wird mit dem Ziel der Verringerung der Abhängigkeit von fossilen Energieträgern und im Interesse des Klima- und Umweltschutzes erlassen. Der Ausbau der Erneuerbaren Energien wird über eine attraktive Vergütung von regenerativ erzeugtem Strom und die Verpflichtung der Netzbetreiber zur Abnahme des Stromes gezielt gefördert. In den Folgejahren gewinnt die Stromerzeugung aus Erneuerbaren Energien stark an Bedeutung
2003	CARB schwächt ZEV Vorgaben ab	Nach Interventionen der Automobilindustrie nimmt das CARB den ursprünglich geplanten Anteil von 10 % emissionsfreien Fahrzeugen für 2003 zurück. Anstelle der emissionsfreien Fahrzeuge müssen nun besonders emissionsarme Fahrzeuge eingesetzt werden
2003	Rückruf GM EV1	GM ruft die verleasten EV1 zurück und lässt diese verschrotten
2006	Vorstellung Tesla Roadster	Tesla Motors stellt das Elektrofahrzeug Tesla Roadster nach dreijähriger Entwicklungszeit vor. Die Kleinserienproduktion beginnt 2008. Das rein batterieelektrische Fahrzeug verwendet Lithium-Ionen-Akkus als Energiespeicher. Es ist die erste größere Anwendung dieser neuartigen Akkus im Automobilbereich
2007	Beginn der Finanz- und Wirtschaftskrise	Beginn der US-amerikanischen Bankenkrise, die 2008 in der Insolvenz der Investment Bank Lehman Brothers gipfelt und eine weltweite Finanz- und Wirtschaftskrise auslöst. Davon war insbesondere die Automobilindustrie betroffen. Aufgrund ihrer besonderen ökonomischen Bedeutung für die Volkswirtschaft wurde die deutsche Automobilindustrie durch verschiedene Förderprogramme unterstützt (Konjunkturpaket I + II)
2007	Intergovernmental Panel on Climate Change (IPCC) Integriertes Energie- und Klimaprogramm (IEKP) der Bundesregierung	Das Erscheinen des 4. IPCC-Berichts sorgt erstmals weltweit für Aufsehen und sensibilisiert auch auf nationaler Ebene für das Thema Klimawandel. Mit dem IEKP verfolgt die Bundesregierung energie- und klimapolitische Zielsetzungen. Das Maßnahmen- paket adressiert die Bereiche Klimaschutz, Ausbau der erneuerbaren Energien und Energieeffizienz
2008	Ölpreis Allzeithoch	Nach erheblichen Preissteigerungen beim Ölpreis seit dem Jahr 2001 wird im Juli 2008 das bisherige Allzeithoch erreicht

(Fortsetzung)

3

Tab. 3.1 (Fortsetzung)

Jahr/ Zeitraum	Ereignis	Kurzbeschreibung
2009	Festsetzung von CO_2-Emissionsnormen für neue Personenkraftwagen	Auf der Ebene der Europäischen Union werden Grenzwerte für die durchschnittlichen CO_2-Emissionen für Neuwagenflotten festgelegt, deren Einführung bis 2015 gestaffelt erfolgt
2009	Konjunkturpaket II mit Maßnahmen im Bereich Elektromobilität	Als Reaktion auf die Finanz- und Wirtschaftskrise erlässt die Bundesregierung Konjunkturprogramme. Das Konjunkturpaket II enthält Maßnahmen zur Förderung der Forschung im Bereich Elektromobilität im Umfang von 500 Mio. EUR
2009	Nationaler Entwicklungsplan Elektromobilität	Im Nationalen Entwicklungsplan Elektromobilität konzipiert die Bundesregierung die deutsche Forschungs- und Entwicklungsstrategie im Bereich Elektromobilität. Ziel ist es die Forschung und Entwicklung sowie die Marktvorbereitung und Markteinführung von batteriebetriebenen Elektrofahrzeugen in Deutschland voranzubringen. Die Inhalte und Ziele wurden zuvor von Vertretern der Politik gemeinsam mit Akteuren aus Wirtschaft und Wissenschaft abgestimmt. Die Eckpunkte des Plans wurden bereits im Rahmen der Nationalen Strategiekonferenz Elektromobilität im Jahr 2008 zur Diskussion gestellt

Quelle: Eigene Darstellung

Unterschiede der beiden Elektromobilitätsdiskurse

Das Elektroauto und die erneuerbaren Energien

Die vielfältigen Gemeinsamkeiten der beiden Diskurse sollten nicht dazu verleiten, die ebenfalls vorhandenen Unterschiede zu übersehen. In dem aktuellen Elektromobilitätshype hat die Klimadebatte einen größeren Stellenwert als zu Beginn der 1990er-Jahre. Das schlägt sich auf EU-Ebene in der Aufstellung von ambitionierten Klimaschutzzielen nieder. Dazu zählt auch die Einführung von Grenzwerten für die CO_2-Emissionen von Pkw, die zwar durch Intervention der Automobilindustrie abgeschwächt bzw. hinausgezögert wurden (vgl. Katzemich 2012), langfristig aber nicht mehr negiert werden können. Unklar ist, wann die Entwicklung des Verbrennungsmotors an Grenzen stoßen wird und ob für die Zukunft das Elektroauto die einzige Alternative darstellen wird. Hinzu kommt, dass das Elektroauto stärker als in den 1990er-Jahren im Zusammenhang mit erneuerbaren Energien thematisiert wird (vgl. Billisch et al. 1994). Das wurde möglich, nachdem im Jahr 2000 durch die Einführung des Gesetzes für den Vorrang erneuerbarer Energien (kurz: Erneuerbare-Energien-Gesetz, EEG) eine rasante Entwicklung regenerativer Energieversorgung eingesetzt hat (vgl. Scheer 2010). Damit konnte das seinerzeit noch starke Argument des falschen Strommixes deutlich abgeschwächt werden. Wurde seinerzeit noch zu Recht darauf hingewiesen, dass das Elektroauto unter den gegebenen Verhältnissen kaum weniger CO_2-Emissionen erzeugt als ein vergleichbares Auto mit Verbrennungsmotor (vgl. Öko-Institut 2021), ist die Perspektive einer auf Basis erneuerbarer

Energien betriebenen Flotte von Elektroautos heute greifbar (UBA 2024). Zumindest in Deutschland wurde dieser Entwicklungstrend zugunsten erneuerbarer Energien durch die als Folge der Nuklearkatastrophe von Fukushima eingeleitete energiepolitische Wende befördert und könnte auch das Elektroauto stärken.

Die Ökobilanz

Die Unabhängigkeit vom Öl

Ein weiterer wesentlicher Unterschied sind die seit einigen Jahren stetig steigenden Ölpreise. Zwar hat der Ölpreis bisher noch nicht zu einer Veränderung des Verkehrsverhaltens geführt, aber er hat die Debatte über die Endlichkeit fossiler Energieträger wieder aufleben lassen. Unter der Überschrift ‚Peak Oil'wird in den letzten Jahren zunehmend darüber diskutiert, wie lange die weltweiten Ölressourcen noch ausreichen werden,von denen der Verkehrssektor zu über 90 % abhängt. Diese Frage stellt sich umso dringender bei Berücksichtigung der rasanten Mobilisierung der Schwellenländer (vgl. Schwedes 2021). Vor diesem Hintergrund wird das auf Grundlage erneuerbarer Energien betriebene Elektroauto im aktuellen Diskurs immer öfter als Beitrag zur Unabhängigkeit von knapper werdenden Ölreserven thematisiert. Damit ist ein völlig neues Argument aufgetreten, dass es im Rahmen des Elektromobilitätsdiskurses der 1990er-Jahren nicht gab und das heute womöglich das entscheidende Argument für das Elektroauto darstellt. Auf diese Weise gewinnen energiepolitische Ziele neben umweltpolitischen stark an Bedeutung.

Veränderte Machtverhältnisse

Ein weiteres Argument, das für die Entwicklung des Elektroautos spricht, ist die in den 1990er-Jahren von Toyota erfolgreich betriebene Etablierung der Hybridtechnologie. Sie wird zunehmend als Übergangstechnologie betrachtet und lässt eine schrittweise Elektrifizierung des Autoverkehrs möglich erscheinen. Nicht zuletzt die erfolgreiche Marktentwicklung der Hybridtechnologie hat zu einem Umdenken in der Automobilindustrie beigetragen, die damit beginnt, neue Allianzen mit branchenfremden Akteuren wie der Batterieindustrie einzugehen. Hierbei stellt die Entwicklung der Lithium-Ionen-Batterie einen technologischen Fortschritt gegenüber dem Stand der 1990er-Jahre dar, wenngleich sie auch keinen Durchbruch in der Batterietechnologie bedeutet. Die technologischen Entwicklungssprünge begünstigen jedoch das erneute Aufkommen des Hypes (vgl. auch Linzbach et al. 2009, S. 16 f.). Auf diese Weise gewinnen vormals branchenfremde Akteure wie die Energiewirtschaft, aber auch Teile der Zulieferbetriebe der Automobilindustrie, an Bedeutung. Im Gegensatz zu den 1990er-Jahren entsteht heute eine Akteurskonstellation, die möglicherweise zu einer Veränderung der Machtverhältnisse im Verkehrssektor führt. Zwar sind es wieder dieselben Protagonisten, die den Diskurs bestimmen, allerdings hat sich ihre Bedeutung innerhalb der Diskursformation verändert.

Der aktuelle Diskurs zeigt insgesamt ein viel komplexeres und engeres Beziehungsgeflecht als noch in den 1990er-Jahren. Darin drückt sich insbesondere ein Wandel der politischen Rahmenbedingungen aus. Das von der Politik eingeführte EEG hatte einen rasanten Ausbau der erneuerbaren Energie zur Folge. Durch den Ausstieg aus der Atomenergie hat diese Entwicklung jüngst noch einen zusätzlichen Schub erfahren. In diesem Kontext erhält das Elektroauto eine ganz neue Bedeutung. Es ist nicht mehr nur die schlechtere Alternative zum Verbrennungsmotor, vielmehr bildet es im aktuellen Diskurs einen integralen Baustein eines neuen postfossilen Energiekonzepts. In dieser energiepolitischen Strategie kommt ins-

3

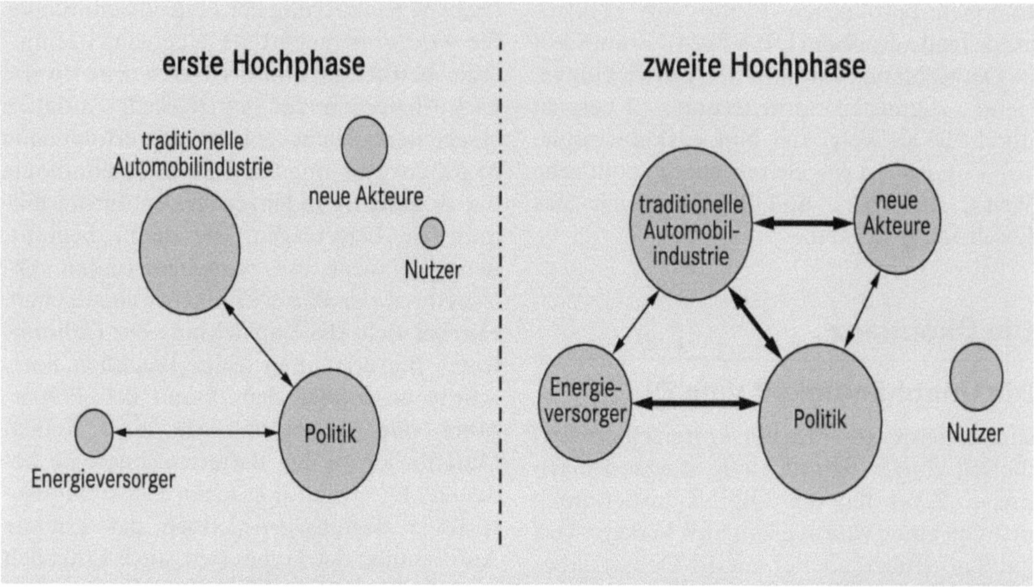

Abb. 3.1 Bedeutung (Kreisgröße) und Beziehung (Pfeilstärke) der Akteure. (Quelle: eigene Darstellung)

besondere der Energiewirtschaft eine wachsende Bedeutung zu.

Neue Akteure

Von diesem Bedeutungswandel des Elektroautos profitieren auch die sogenannten ‚neuen Akteure'. Sie kommen in den meisten Fällen aus der automobilnahen Zulieferindustrie, womit auch ihr formeller Status beschrieben ist. Andere werden, wie etwa die Batteriehersteller, Teil der Zulieferindustrie. Die kleinen und mittelständischen Zulieferunternehmen leiden bekanntermaßen schon seit langem unter der einseitigen Abhängigkeit gegenüber den großen Automobilkonzernen. Sie traten daher bisher auch nicht als Akteure in Erscheinung, da sie weniger agierten als reagierten. In dem Maße, wie das Elektroauto an Bedeutung gewinnt, relativiert sich die einseitige Abhängigkeit zugunsten der neuen Akteure. Eine hohe Kompetenz im Bereich der Elektrotechnik nimmt beim Elektroauto einen viel größeren Stellenwert ein und stärkt durch die veränderte Wertschöpfungskette die entsprechenden Zulieferer wie etwa das Unternehmen Bosch. Das geht teilweise soweit, dass diese Unternehmen dazu übergehen, selbst Elektroautos zu entwickeln. Darüber hinaus drängen neue Autobauer wie *Tesla* sowie diverse chinesische Anbieter wie *BYD* auf die internationalen Märkte, die sich auf den Bau von Elektroautos spezialisiert haben und die etablierte Automobilbranche unter Druck setzen.[2]

Auf diese Weise hat sich mit der Entwicklung des Elektroverkehrs sowohl die Akteurskonstellation erweitert, wie auch das Kräfteverhältnis zwischen den Akteuren gewandelt (vgl. Abb. 3.1).

2 In 2024 war China das erste Land in der Geschichte der Autoindustrie, dass die Grenze von 30 Mio. produzierten Autos übertroffen hat. Davon waren 12 Mio. Elektrofahrzeuge, allein das Unternehmen BYD, das fast ausschließlich Elektrofahrzeuge herstellt, hat dazu über 4 Mio. Fahrzeuge beigesteuert. In Deutschland wurden im selben Jahr 1,4 Mio. Elektroautos produziert (vgl. Bath 2025).

Verschiebung der Kräfteverhältnisse

Die noch in den 1990er-Jahren nahezu unbegrenzte Macht der Automobilindustrie, die direkten Einfluss auf die Politik ausüben konnte, wurde durch den Bedeutungszuwachs der Energiewirtschaft und der neuen Akteure relativiert. An dieser Stelle muss allerdings ausdrücklich daran erinnert werden, dass diese Beurteilung nur den Elektromobilitätsdiskurs betrifft. Dieser ist aber nur ein Diskursstrang unter vielen innerhalb der Debatte über alternative Antriebssysteme. Daher ist die Bewertung einer Machteinbuße der Automobilindustrie selbst zu relativieren, insofern sie mit dem Elektromobilitätsdiskurs ein Themenfeld betrifft, von dem noch nicht klar ist, wie es sich in Zukunft weiterentwickeln wird.

Ein zusätzlicher Anreiz zur Weiterentwicklung der Elektroautos ist der wachsende internationale Konkurrenzdruck. Zwar wurden die Prognosen für die Entwicklung von Elektroautos in China, dem Angstgegner der letzten Jahre, mittlerweile deutlich nach unten korrigiert (vgl. WI 2012). Dafür gibt es andere Länder wie die USA oder Frankreich, die die Entwicklung vorantreiben und auch mit finanziellen Anreizen unterstützen. Vor diesem Hintergrund könnte sich auch die Situation in Deutschland bald wandeln, insofern auch hier eine Kaufprämie eingeführt wird, sobald die ersten deutschen Serienmodelle auf dem Markt sind.

Breite Forschungsagenda

Schließlich decken die Forschungsprojekte heute ein breiteres inhaltliches Spektrum ab und es stehen wesentlich umfangreichere Mittel zur Verfügung als es noch in den 1990er-Jahren der Fall war. Wenn auch die erste Euphorie um das Thema Elektromobilität erneut schnell verflogen ist, findet dennoch kein genereller Abbruch statt. Anders als in den 1990er-Jahren wurde das Thema fortgeführt (vgl. GGEMO 2011). Mittlerweile haben einige Länder schon konkrete Jahreszahlen genannt, ab wann sie keine Autos mit Verbrennungsmotor mehr zulassen werden, vorneweg Norvegen, wo in 2024 rund 90 % der neu zugelassenen Fahreuge vollelektrisch waren und das für 2025 eine Neuzulassungsquote von Elektroautos von einhundert Prozent anstrebt. Auch die Europäische Union hat im Rahmen ihres ‚Green Deal' für 2035 ein Verkaufsverbot für Verbrennerfahrzeuge beschlossen (EP 2023).

Einordnung des aktuellen Elektromobilitätsdiskurses

Nachdem Gemeinsamkeiten und Unterschiede der beiden Elektromobilitätsdiskurse herausgearbeitet wurden, soll im Folgenden eine Einordnung des aktuellen Elektromobilitätshypes unternommen werden. Ziel dabei ist, die beiden eingangs aufgeworfenen Leitfragen zu beantworten: Erweist sich der aktuelle e-mobility-Diskurs im Unterschied zur Entwicklung der 1990er diesmal als tragfähig? Und wenn ja, welcher Beitrag für eine nachhaltige Verkehrsentwicklung wäre hiervon zu erwarten?

Bei der Einordnung des aktuellen Elektromobilitätshypes orientieren wir uns an dem sog. Hype-Zyklus (vgl. ◘ Abb. 3.2). Demzufolge durchläuft ein Hype im Idealfall fünf Phasen: Die erste Phase wird durch einen technologischen Auslöser eingeleitet (Innovation Trigger). Ein Ereignis, wie z. B. der Beginn eines Forschungsprojekts, erzeugt ein gesteigertes öffentliches Interesse für eine bestimmte Technologie. Im Falle des Elektroverkehrs ist es die öffentliche Hand, die sowohl in den 1990er-Jahren wie auch seit 2009 Pilotprojekte förderte, die zu einer gesteigerten Aufmerksamkeit bezüglich des Elektroverkehrs beitrugen. Die

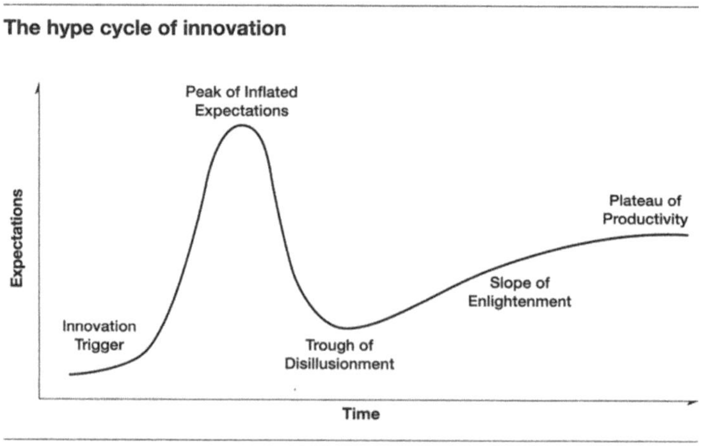

Abb. 3.2 Der technologische Hype-Zyklus. (Quelle: Fenn und Raskino (2008, S. 9))

darauffolgende zweite Phase zeichnet sich durch übertriebene Erwartungen aus (Peak of Inflated Expectations). Vor dem Hintergrund der erfolgreichen Erprobung der neuen Technologie überwiegen enthusiastische Prognosen, während ihre Kinderkrankheiten weitgehend negiert werden. Die mediale Aufmerksamkeit erreicht den Höhepunkt. Diese Phase hatten sowohl der Elektromobilitätshype der 1990er-Jahre wie auch der aktuelle Hype erreicht.

Im ‚Tal der Tränen'

Darauf folgt mit dem ‚Tal der Tränen' die dritte Phase des Technologiehypes (Trough of Disillusionment). Mit der zunehmend realistischeren Einschätzung der neuen Technologie unter Berücksichtigung der bestehenden Defizite setzt eine Ernüchterung ein, die mit einer abnehmenden medialen Berichterstattung verbunden ist. Bei der Betrachtung des Elektromobilitätshypes der 1990er-Jahre ist festzustellen, dass er in dem ‚Tal der Tränen' gleichsam hängen geblieben ist. Vor diesem Hintergrund stellt sich mit Blick auf den jüngsten Hype die Frage, ob er die vierte Phase erreicht (Slope of Enlightment), welche durch eine realistische Einschätzung der Potenziale der Technik gekennzeichnet ist, wobei die Vorzüge und die Nachteile nüchtern gegeneinander abgewogen werden. Auf diese Weise erfährt die neue Technologie wieder eine wachsende mediale Aufmerksamkeit. Mit Blick auf Deutschland konnte in den letzten Jahren nicht abschließend gesagt werden, ob diese vierte Phase womöglich schon erreicht ist und das ‚Tal der Tränen' durchschritten wurde. Zumindest deutete sowohl die grundsätzliche Bereitschaft großer Teile der Politik, das Thema weiter voranzutreiben wie auch die genuine Entwicklung eigenwertiger Elektroautos durch den Autokonzern BMW (vgl. Keichel in diesem Band) darauf hin, dass die Phase der sachlicheren Auseinandersetzung mit der neuen Technologie diesmal nicht in einem vorzeitigen Abbruch endet. Die fünfte Phase schließlich markiert eine Stabilisierung des öffentlichen Interesses an der neuen Technologie (Plateau of Productivity), wobei der Grad der Aufmerksamkeit davon bestimmt wird, ob sich die Technologie in Massen- oder Nischenmärkten etabliert. Der aktuelle Elektromobilitätshype erweckt immer wieder den Eindruck, als sei die Etablierung von Elektroautos schon entschieden. Doch spätestens die Krise der deutschen Automobilindustrie im Jahr 2024, mit dem Volkswagenkonzern an der Spitze, zeigt deutlich, dass das ‚Tal der Tränen' erneut nicht durchschritten wurde. Demgegenüber scheint auf internationaler Ebene die Entscheidung für den batterieelektrischen Antrieb als alternative Antriebsart gefallen zu sein.

Unentschieden!

Diskussion der Ergebnisse

Technikdeterminismus

Eine zentrale Erkenntnis der Untersuchung lautet, dass das Thema Elektromobilität in den 1990er-Jahren nicht, wie immer wieder behauptet wird, an technischer Fehl- oder Unterentwicklung gescheitert ist. Aus verkehrspolitischer Sicht handelt es sich hierbei um eine wichtige Einsicht. Denn anstatt sich mit dem schlichten Begründungszusammenhang zu beruhigen, in der Vergangenheit sei das Elektroauto an der unterentwickelten Batterietechnologie gescheitert, ist es gerade erklärungsbedürftig, warum sich der Elektroverkehr in den 1990er-Jahren nicht durchgesetzt hat, obwohl Elektroautos entwickelt worden waren, die sich durch vergleichbare Leistungsparameter auszeichneten und schon damals als perfekte Stadtautos beworben wurden.[3]

Batterie- versus Automobilindustrie

In der Technikfixierung bei der Beurteilung des Elektroautos in den 1990er-Jahren drückt sich eine grundsätzlich verengte Sichtweise auf das Thema aus. Damals wie heute wird das Elektroauto überwiegend unter dem Gesichtspunkt der technischen Machbarkeit betrachtet, wobei die Gebrauchseigenschaften des konventionellen Autos als Maßstab dienen. Dabei besteht die Gefahr, andere Faktoren, die über den Erfolg oder Misserfolg technologischer Innovationen mitentscheiden, zu übersehen. So erscheint das in den 1990er-Jahren von der deutschen Automobilindustrie mit einer Kritik an der Batterieindustrie verbundene Argument, die Batterien seien nicht ausgereift, aus heutiger Sicht nicht überzeugend. Denn die Elektroautos hatten schon damals Reichweiten erreicht, die für die allermeisten Wege in urbanen Ballungszentren ausgereicht hätten. Die damalige Entgegnung der Batterieindustrie, die Automobilbranche zeige kein Interesse an einer erfolgreichen Entwicklung des Elektroautos, da sie sich darauf beschränke, konventionelle Fahrzeuge umzubauen, anstatt für das Elektroauto entsprechende Karosserien zu entwerfen, trifft hingegen einen Punkt, der auch in der aktuellen Debatte wieder diskutiert wird. Schließlich hatte das Umweltbundesamt das Elektroauto in den

3 Der Technikhistoriker Gijs Mom geht soweit, das Scheitern in den 1990er-Jahren verschwörungstheoretisch zu begründen (vgl. Mom 2011). Die Vertreter einer Verschwörung verweisen immer wieder auf den Film „Who Killed the Electric Car?" (vgl. ▶ https://www.youtube.com/watch?v=PLf1Is3GA-M, Zugriff, 30.09.2012). Allerdings zeigt der Film keine Verschwörung, sondern identifiziert eine Reihe von Akteursgruppen, die sich aus ihrer spezifischen Sicht mit guten Gründen gegen das Elektroauto ausgesprochen haben. Dazu zählt auch der Großteil der US-amerikanischen Bevölkerung, die sich nicht bereit, oder in der Lage sah, in Anbetracht der bestehenden gesellschaftlichen Rahmenbedingungen, auf die Rennreiselimousine zu verzichten. Es bedurfte also keiner Verschwörung, um das Elektroauto zu verhindern, vielmehr reichten die bestehenden gesellschaftlichen Verhältnisse, in denen einzelne Akteursgruppen, wie die Öl- und Automobilindustrie, mit ihren jeweiligen Partikularinteressen, vom Benzinauto profitieren. Tatsächlich ist das Elektroauto in den 1990er-Jahren sowohl in den USA wie auch in Deutschland an fehlender politischer Transparenz gescheitert, wodurch ein aufgeklärter öffentlicher Diskurs verhindert wurde, der eine sachliche Abwägung der Vor- und Nachteile des Elektroautos im Rahmen einer nachhaltigen Verkehrsentwicklungsstrategie ermöglicht hätte, anstatt von mächtigen Partikularinteressen dominiert zu werden.

3

1990er-Jahren mit dem Hinweis abgelehnt, dass aufgrund des hohen Anteils fossiler Energieträger im deutschen Strom-Mix keine ökologischen Vorteile erreicht werden könnten. Auch dieses Argument war damals so überzeugend wie heute, denn auch heute wird betont, dass das Elektroauto nur auf Basis erneuerbarer Energien zu einer positiven Umweltbilanz beiträgt. Die Politik hätte schon damals zu dem Ergebnis kommen können, dass das Elektroauto unter bestimmten politischen Rahmenbedingungen einen positiven Beitrag zu einer nachhaltigen Verkehrsentwicklung leisten kann. Diese energie- und verkehrspolitischen Rahmenbedingungen hätten von der Politik definiert werden müssen. Doch anstatt mit der Entwicklung des Elektroautos eine neue Energiepolitik im Sinne erneuerbarer Energien zu verbinden, hatte sich die Politik damals zusammen mit der Automobilindustrie gegen das Elektroauto entschieden.

Energie- und verkehrspolitische Rahmenbedingungen

Eine neue Qualität im aktuellen Elektromobilitätsdiskurs!

Eine neue Situation entstand erst mit der Verabschiedung des EEG im Jahr 2000. Diese politische Neuorientierung hat zu einem rasanten Ausbau erneuerbarer Energien geführt und zweifellos dazu beigetragen, dass das Elektroauto heute als Beitrag im Rahmen einer nachhaltigen Energiestrategie diskutiert werden kann.[4] Anstatt die Energiekonzerne noch wie in den 1990er-Jahren dafür zu kritisieren, dass sie auf das ineffiziente Elektroauto setzen, hat die Politik die Rahmenbedingungen dafür geschaffen, dass auch die Großkonzerne den Ausbau erneuerbarer Energien nicht mehr wie noch in den 1990er-Jahren blockieren (vgl. Becker 2010).[5] Auf diese Weise hat sich das Kräfteverhältnis zwischen den am Elektromobilitätsdiskurs beteiligten Akteuren verschoben. Damit lässt sich die Frage nach einer neuen Qualität im aktuellen Elektromobilitätsdiskurs im Vergleich zu den 1990er-Jahren eindeutig positiv beantworten.

Das Elektroauto als Metapher für nachhaltigen Stadtverkehr

Das Elektroauto stellt in der aktuellen Phase vorrangig ein industrie- und energiepolitisches Thema dar. Die zentralen Argumente sind der Erhalt bzw. Ausbau der internationalen Wettbewerbsfähigkeit der deutschen Automobilindustrie sowie die Verknappung der Ölressourcen und die davon abgeleitete Notwendigkeit, sich langfristig von den fossilen Energieträgern unabhängig zu machen. Demgegenüber spielen verkehrs- und umweltpolitische Argumente eine geringere Rolle. Vielmehr hat die starke Fixierung auf die technologische Innovation Elektroauto dazu geführt, dass nachhaltige verkehrspolitische Maßnahmen, die bereits kurz und mittelfristig umgesetzt werden könnten und die verglichen mit dem Elektroauto relativ kostengünstig sind, zunehmend aus dem Blick geraten (vgl. Petersen 2011). Das heißt, die starke Technikorientierung geht zulasten einer Wirkungsorientierung, wie sie z. B. die sinnvolle

4 Das ist ein Beispiel dafür, dass Politik einen Unterschied macht. Entgegen der populären Behauptung einer Nivellierung parteipolitischer Unterschiede, zeigt sich anhand der Energiepolitik, dass die Rot-Grüne-Koalition Ende der 1990er-Jahre eine Wende eingeleitet hat, zu der die Schwarz-Gelbe-Koalition weder willens noch in der Lage war. Der anfängliche Versuch der Schwarz-Gelben-Regierungskoalition, den Atomausstieg auf Kosten des Ausbaus erneuerbarer Energien wieder rückgängig zu machen, hat das noch einmal deutlich vor Augen geführt.

5 Gleichwohl ist die Energiewende weiterhin umkämpft (vgl. Kemfert 2013, 2017, 2023).

Konzentration auf eine möglichst rasche Reduktion der CO_2-Emissionen bedeuten würde. Im aktuellen Elektromobilitätsdiskurs dient das Elektroauto zwar als Metapher für eine nachhaltige städtische Verkehrsentwicklung, dahinter verbirgt sich jedoch das primär wirtschaftspolitische Ziel einer weltweiten technischen Marktführerschaft. Die vielfältigen negativen Umweltfolgen, die gerade in urbanen Ballungszentren auch mit dem Elektroauto nicht gelöst wären, werden bisher kaum thematisiert (vgl. Schwedes 2020). Dass eine nachhaltige Verkehrsentwicklung andere Verkehrskonzepte und ein anderes Verkehrsverhalten erfordern, das darauf gerichtet sein muss, das Auto – auch das Elektroauto – weniger zu nutzen, spielt im aktuellen Diskurs allenfalls eine marginale Rolle.

Eine nachhaltige verkehrspolitische Gesamtstrategie!

Nachdem sich die Aufregung um die Finanzkrise und den Klimawandel gelegt hat, womit ursprünglich die Förderung des Elektroautos begründet wurde, trat die Besorgnis über die Abhängigkeit von schwindenden Ölressourcen als neues starkes Argument auf die Agenda. Seitdem dient die technologische Innovation Elektroauto als Hoffnungsträger für eine nachhaltige Entwicklung, während Elektromobilität als Bestandteil einer nachhaltigen verkehrspolitischen Gesamtstrategie mit dem Ziel einer neuen Mobilitätskultur kaum noch thematisiert wird.

Mit Blick auf die zweite leitende Fragestellung dieses Beitrags, inwieweit der aktuelle Elektromobilitätsdiskurs eine nachhaltige Verkehrsentwicklung unterstützt, muss daher festgehalten werden, dass das Elektroauto derzeit vornehmlich als technologische Innovation begriffen wird und nicht als Baustein einer integrierten verkehrspolitischen Gesamtstrategie, die auf eine nachhaltige Verkehrsentwicklung gerichtet ist.

Fazit

Tiefgreifender gesellschaftlicher Transformationsprozess

Den Ausgangspunkt dieser Untersuchung bildete die Zeitdiagnose eines tiefgreifenden gesellschaftlichen Transformationsprozesses. Bestand zu Beginn des 20. Jahrhunderts die Herausforderung darin, den entfesselten Laissez-Faire-Kapitalismus mit der sozialen Frage zu versöhnen, ist am Anfang des 21. Jahrhunderts mit der ökologischen Frage ein globales Thema auf die politische Agenda getreten. Der angemessene Umgang mit der ökologischen Frage ist jedoch politisch ebenso umstritten wie seinerzeit die Soziale Frage. Im Politikfeld Verkehr wird die sich daraus ergebende Herausforderung in dem Übergang von einer fossilen zu einer postfossilen Mobilitätskultur gesehen. Das Elektroauto könnte dabei eine zentrale Rolle spielen, vorausgesetzt es wird mit Strom aus erneuerbaren Energien betrieben.

Das Elektroauto: ein Beitrag zur nachhaltigen Verkehrsentwicklung?

Vor diesem Hintergrund wurde nach der Relevanz des aktuellen Elektromobilitätshypes gefragt. Die Frage war motiviert durch die Beobachtung, dass es in den 1990er-Jahren schon einmal einen ähnlichen Hype gegeben hatte, der ebenso schnell wieder von der politischen Agenda verschwand wie er gekommen war und weitgehend folgenlos blieb. Vor diesem Erfahrungshintergrund sollte geklärt werden, inwiefern sich der aktuelle Elektromobilitätsdiskurs aufgrund möglicherweise veränderter gesellschaftlicher Rahmenbedingungen durch eine neue Qualität auszeichnet. Unabhängig davon, ob der aktuelle Elektromobilitätshype womöglich folgenreicher verlaufen wird als sein Vorgänger in den 1990er-Jahren, zielte die zweite Fragestellung auf seinen Nachhaltigkeitscharakter. Anders als in der aktuellen Debatte, in der das Elektroauto zumeist unhinterfragt als Beitrag zu einer nachhaltigen Verkehrsentwicklung kommuniziert wird, wurde der aktuelle Elektromobilitätsdiskurs unter dem Gesichtspunkt betrachtet, inwieweit er dazu beiträgt, eine entsprechende Entwicklung zu unterstützen.

Das Elektroauto als Kompromissformel

Der Vergleich der beiden Diskurse hat zunächst erstaunliche Gemeinsamkeiten gezeigt. In beiden Fällen bildete eine Wirtschaftskrise den Auslöser, von der mit der Automobilindustrie ein in Deutschland bedeutender Wirtschaftszweig betroffen war. Darüber hinaus verband sich die Wirtschaftskrise jeweils mit dem zeitgenössischen Umweltdiskurs. Das Elektroauto bildete in beiden Fällen den Fixpunkt, auf den sich alle Beteiligten Akteure mehr oder weniger engagiert verständigen konnten. Die Automobilindustrie sah in dem Elektroauto zwar eine Konkurrenztechnologie und war entsprechend skeptisch eingestellt, konnte sich aber in der Krise mit einem partiellen Bekenntnis zu dieser Technologie neu profilieren und überdies finanzielle Unterstützung erhalten. Die Stromkonzerne hingegen waren dem Elektroauto gegenüber naturgemäß positiv eingestellt, da sie mit seiner Verbreitung einen neuen Absatzmarkt verbanden. Die Politik wiederum erkannte im Elektroauto die Möglichkeit, sich gleich in doppelter Hinsicht zu profilieren: Durch die finanzielle Unterstützung der Automobilindustrie konnte sie einen Beitrag zur Bewältigung der Wirtschaftskrise leisten und sich gleichzeitig mit einer potenziell umweltfreundlichen Technologie im Umweltdiskurs positionieren.

Ein potenziell neuer Horizont

Dass die Politik in den 1990er-Jahren eine eher opportunistische Haltung einnahm, wurde in dem Moment deutlich, als das Elektroauto aufgrund seiner nicht positiven Umweltbilanz, die aus dem damaligen Strom-Mix resultierte, insbesondere vonseiten der Automobilindustrie zunehmend in die Kritik geriet. Anstatt die durchaus berechtigte Kritik zum Anlass einer neuen Energiepolitik zu nehmen, schloss sich die Politik dem Votum der Automobilindustrie an und zog sich aus der Förderung des Elektroautos zurück. Ganz anders verhält es sich im aktuellen Diskurs. Nachdem die Politik mittlerweile einen neuen energiepolitischen Pfad eingeschlagen hatte und die erneuerbaren Energien einen bedeutenden Anteil am Strom-Mix erlangt haben, erscheint das Elektroauto in einem andern Licht. Im Rahmen einer Entwicklungsstrategie hin zu einer postfossilen Mobilitätskultur, könnte das Elektroauto langfristig eine wichtige Funktion einnehmen. Damit eröffnet sich für das Elektroauto ein potenziell neuer Horizont, den es aufgrund der fehlenden politischen Unterstützung in den 1990er-Jahren noch nicht gab.

Energie- und Industriepolitik dominieren Verkehrspolitik

Aus dem Vergleich der beiden Elektromobilitätsdiskurse resultiert eine zentrale verkehrspolitische Einsicht. Die neue Qualität des aktuellen Elektromobilitätsdiskurses ist nicht das Ergebnis wirtschaftlicher oder technologischer Überlegungen, sondern das

Resultat einer politischen Entscheidung für erneuerbare Energien. An dieser Erkenntnis sind zwei Dinge von Bedeutung: *Erstens* werden auch in dem aktuellen Diskurs weder die immer wieder angeführten wirtschaftlichen Restriktionen (teure Batterien) noch technologische Defizite (zu geringe Batteriekapazitäten) über die erfolgreiche Etablierung des Elektroautos entscheiden. Vielmehr ist davon auszugehen, dass eine wie auch immer begründete politische Entscheidung den Ausschlag geben. *Zweitens* wird die Entwicklung des Elektroautos momentan nicht von verkehrspolitischen Überlegungen getrieben, sondern im Rahmen von energie- und industriepolitischen Erwägungen diskutiert. Damit ist die Frage, inwieweit der aktuelle Diskurs Hinweise für eine nachhaltige Entwicklung des Elektroverkehrs liefert, zu einem Teil beantwortet.

Es ist bemerkenswert, dass energie- und industriepolitische Argumente in kürzester Zeit erreichen, was umweltpolitisch schon seit Jahrzehnten gefordert wird. Wie gezeigt wurde, greifen die energie- und industriepolitischen Argumente vor dem Hintergrund einer drohenden Knappheit fossiler Energieträger, insbesondere des Erdöls. Im Vordergrund standen damit lange Zeit nicht die negativen Umwelteffekte wie z. B. der Klimawandel, der bekanntermaßen schon seit den 1970er-Jahren periodisch diskutiert wird, aber dennoch bis vor kurzem ein relativ schwaches Argument geblieben ist. Das starke Argument hingegen war die Gefährdung des Wirtschaftssystems aufgrund versiegender Ölquellen. Dabei spielte der Verkehr, der weltweit zu über neunzig Prozent von Erdöl abhängt, eine zentrale Rolle. Erst der weltweite Erfolg der Klimaaktivistinnen und -aktivisten von *Friedays for Future* und der *Letzten Generation* hat zumindest zeitweise eine mediale Bedeutungsverschiebung bewirkt.

Technikorientierte Lösungsstrategie

Angesichts der energie- und industriepolitischen Motivation ist es nicht überraschend, dass auch der Elektromobilitätsdiskurs nicht von umweltpolitischen Erwägungen bestimmt wird. Vielmehr ist das Elektroauto der Ausdruck einer technikorientierten Lösungsstrategie. Speziell im Automobilsektor herrscht traditionell die Vorstellung vor, dass gesellschaftliche Probleme, die durch das technische Artefakt Automobil erzeugt werden, ihrerseits durch technologische Innovationen gelöst werden können. All diese Beispiele sind Teil einer populären Effizienzstrategie, die darauf setzt, Problemlösung durch die innovative Weiterentwicklung bewährter Technik zu betreiben (vgl. Weizsäcker et al. 2010).

Alte Ressourcenabhängigkeit durch neue ersetzen

Bei der Effizienzstrategie handelt es sich freilich nur um eine von drei Strategien, die ursprünglich einen nachhaltigen Entwicklungspfad auszeichneten (vgl. Huber 1995). Die zweite ist die Konsistenzstrategie, die darauf gerichtet ist, die von Menschen genutzten Materialien immer wieder zu verwenden bzw. zu recyceln (vgl. Braungart and MCDonough 2013). Das Ziel besteht darin, chemische Stoffe zu entwickeln, die wie natürliche immer wieder neu in Stoffkreisläufe gespeist werden können, ohne jemals als Müll ausgeschieden zu werden. Im Gegensatz zur Effizienzstrategie spielt die Konsistenzstrategie bei der Entwicklung von Elektroautos bisher kaum eine Rolle. Vielmehr ist noch unklar, wie die Batterien entsorgt bzw. recycelt werden können. Das ist aus Nachhaltigkeitsgesichtspunkten in doppelter Hinsicht problematisch; zum

3

einen geht es um den Umgang mit giftigen Substanzen und zum anderen um knappe Ressourcen wie etwa die seltenen Erden (vgl. Blume et al. 2011). Wenn das Elektroauto nicht dazu beitragen soll, dass alte negative Umwelteffekte durch neue ersetzt und alte Ressourcenabhängigkeiten von neuen abgelöst werden, sondern als Teil einer nachhaltigen Verkehrsentwicklungsstrategie etabliert werden soll, dann muss die Konsistenzstrategie vorangetrieben werden.

Ziel: Verhaltensänderung

Schließlich zählt zu einem nachhaltigen Ansatz die sog. Suffizienzstrategie, die auf eine Verhaltensänderung der Menschen zielt (vgl. Princen 2005; Stengel 2011). Sie geht von der Einsicht aus, dass die Effizienz- und die Konsistenzstrategie zwar zu einer effizienteren und effektiveren Nutzung natürlicher Ressourcen beitragen können, dass aber das ständig wachsende Konsumverhalten die Einsparungen wieder auffrisst. Das hat sich insbesondere im Verkehrssektor gezeigt, wo z. B. die Benzineinsparungen aufgrund sparsamer Motoren immer wieder durch ein wachsendes Verkehrsaufkommen kompensiert wurden (Banister 2008, S. 20 f.). Deshalb zielt die Suffizienzstrategie darauf ab, das Verkehrsverhalten der Menschen dahin gehend zu beeinflussen, dass das Verkehrsaufkommen insgesamt sinkt. Im Falle des Elektroautos würde es darum gehen, nicht nur den Verbrenner durch einen Elektromotor zu ersetzen, womit im Idealfall die Effizienz- und die Konsistenzstrategie erfüllt wären, sondern darüber hinaus das Elektroauto anders und weniger zu verwenden als zuvor den Verbrenner. Dazu bedarf es umfassender verkehrspolitischer Maßnahmen, die auf die Veränderung des Verkehrsverhaltens ausgerichtet sind.

Von der Energie- zur Verkehrswende!

Wie die bisherige Entwicklung des Elektroautos gezeigt hat, hängt sein Beitrag zu einer nachhaltigen Verkehrsentwicklung von entsprechenden politischen Entscheidungen ab. Durch die politische Entscheidung für den Ausbau erneuerbarer Energien, leistet das Elektroauto heute einen Beitrag sowohl im Sinne der Effizienz- wie auch der Konsistenzstrategie, da die Elektromotoren einen vielfach höheren Wirkungsgrad haben und überdies durch erneuerbare Energien gespeist werden. Für einen Beitrag des Elektroautos zu einer nachhaltigen Verkehrsentwicklung fehlen aber noch politische Entscheidungen im Sinne der Suffizienzstrategie. Es wäre die Aufgabe der Politik, analog zur Energiewende, das Elektroauto zum Ausgangspunkt einer Verkehrswende zu machen. In anderen Worten: Eine erfolgreiche Entwicklung des Elektroverkehrs im Sinne einer nachhaltigen Verkehrsentwicklung erfordert in Zukunft eine politische Programmatik, die auf eine neue Mobilitätskultur gerichtet ist.

„Ganz neue Möglichkeiten“

Zum Design des Elektroautos

Marcus Keichel

Inhaltsverzeichnis

O. Schwedes, M. Keichel (Hrsg.), *Das Elektroauto*, ATZ/MTZ-Fachbuch,
https://doi.org/10.1007/978-3-658-47643-4_4

Einleitung

Wenn man das Wort „Elektromobilität" zusammen mit dem Satzfragment „ganz neue Möglichkeiten" in eine Suchmaschine eingibt, erhält man erstaunlich viele Treffer. Mit einem Klick erscheinen zahlreiche Zitate, in denen Aufbruchstimmung rund um das Elektroauto zum Ausdruck gebracht wird. Sprecher von Energiekonzernen preisen Absatzmöglichkeiten für ihr Produkt Strom, Autozulieferer sehen Geschäftspotenziale im Bereich der Batterieentwicklung und Ingenieure schwärmen von konstruktiven Optionen im Fahrzeugbau. Obwohl das Thema *nicht* neu ist, scheint die Elektromobilität jetzt, da es den politischen Willen zu ihrer Durchsetzung gibt, auf breiter Ebene positiv besetzt worden zu sein.

Automobildesigner

Das gilt auch für die Automobildesigner. Sie sprechen in Beiträgen und Interviews nicht ohne eine gewisse Emphase von „ganz neuen Möglichkeiten", wenn es um ihre Perspektive auf das Elektroauto geht.[1] Dabei wird deutlich, dass die Gründe für diese Aufgeschlossenheit mit der spezifischen Arbeitsrealität der Autodesigner zu tun haben. Automobildesign ist eine vielschichtige, bisweilen mit Widersprüchen und Zielkonflikten behaftete Profession. Zunächst wird den Entwerfern ein hohes Maß an Kreativität und gestalterischer Artikulationsfähigkeit abverlangt. Denn *erstens* erwarten Fachwelt und Kundschaft von einem neuen Auto ganz allgemein ein hohes Maß an formaler Raffinesse und visuelle Überraschungen. *Zweitens* möchte die Mehrheit der Autobesitzer über den Kauf eines Neuwagens ihre Teilhabe an Fortschritt und Modernität kommunizieren. Hierzu müssen die Gestalter ein aktuelles Modell mit Designelementen versehen, die den ästhetischen Zeitgeist und den Stand der technischen Entwicklung repräsentieren. Ein feines Gespür für zeitgemäße formale Codes ist da ebenso erforderlich wie umfassende Kenntnisse über neueste technische Komponenten, Produktionsverfahren und Materialien.[2] Und *drittens* müssen sich die Designer mit ihren Entwürfen auf die Marken- und Produktpolitik des Unternehmens beziehen, für das sie arbeiten. Das hat vor allem mit der Wettbewerbssituation auf dem Automobilmarkt zu tun: Um konkurrenzfähig zu sein, muss ein Autohersteller hohe Stückzahlen, also für einen großen Kundenkreis produzieren. Dies kann nur gelingen, wenn das Markenprofil – sprich das wohlabgewogene Zusammenspiel von Produktdesign und Produktqualität, Preisgestaltung, Marketing und Service – mit den Geschmacksmustern, Lebensstilen und Selbstbildern einer möglichst großen Gruppe von Autokäufern korrespondiert. Aus diesem Grund ist seit den Neunzigerjahren eine Auffächerung und partielle Angleichung der historisch gewachsenen und eher distinktiven Markenprofile zu beobachten. Traditionell als „konservativ" identifizierte Automarken bemühen sich seither um „sportliche" oder „jugendliche" Imageanteile und umgekehrt. Mittelklasse-Hersteller nehmen Luxusautos ins Programm, Premiummarken bieten „Einsteigermodelle" an. Solche strategischen Markendifferenzierungen müssen die Designer in ihren Produktkonzepten abbilden.

1 Beispielsweise Lutz Fügener in einem mit „Neue Möglichkeiten" überschriebenen Interview. Darin zeigt sich der Automobildesigner überzeugt, dass „Elektroautos [über kurz oder lang] ein ganz eigene Formensprache haben [werden]", ► https://www.berlinonline.de/themen/auto-und-motor/autotechnik/1003157-61213-kühlervoneautosschaffenplatzfürideen.de.html, Zugriff: 19.05.2012.

2 Hier spielt traditionell die aktuellste Scheinwerfertechnologie eine Rolle. Vgl. hierzu „Des einen Freud, des anderen Light", in: Auto Motor und Sport, Heft 13 2012, S. 124 ff.

Das tun sie in der Regel, indem sie zunächst den verschiedenen, hierarchisch gegliederten Modellreihen des Herstellers eine markante Marken-Grundsymbolik einschreiben. Bei einem Hersteller mit sportlichem Image erhält das Karosseriedesign der untersten wie der obersten Modellreihe der Hierarchie eine sportliche Note (vertikale Produktfamilie).[3] Für jede dieser Modellreihen wiederum entwickeln die Designer eine große Auswahl von zumeist in Ausstattungspaketen zusammengefassten Zubehörteilen und Designapplikationen (Economy-Line, Sport-Line, Executive-Line etc.), mit denen die verschiedenen Varianten einer solchen Reihe realisiert werden (horizontale Produktfamilie). Über ein dergestalt differenziertes Portfolio entsteht eine Varianz von Produktmotiven, die es den Herstellern ermöglicht, auch solche Käufer zu erreichen, die nicht zur Kernklientel gehören.

Kreativität und gestalterischer Artikulationsfähigkeit

Angleichung der Markenprofile

Automobil als Träger symbolischer Botschaften

Die hier angedeuteten Gestaltungskriterien modernen Automobildesigns lassen erahnen, dass die besonderen kreativen Anforderungen an die Autodesigner in erster Linie mit der tradierten Bedeutung des Automobils als Träger symbolischer Botschaften zu tun haben. Seit jeher und mehr denn je ist das Auto „Ausdrucksmittel von Vorstellungen“,[4] die sich im Wesentlichen um das Abgrenzungs- und Selbststilisierungsbedürfnis der Autobesitzer drehen. Als Schöpfer symbolischen Ausdrucks orientieren sich die Automobildesigner vergleichsweise stark am Habitus des freien Künstlers.[5] Ähnlich wie figürlich arbeitende Bildhauer generieren sie in den Phasen der grundsätzlichen Ausdrucksbestimmung am Beginn einer Designentwicklung partiell abstrakte, gleichwohl mit Bedeutung aufladbare Bilder und Formen. Dabei bleiben technische oder funktionale Restriktionen weitgehend ausgeblendet, denn Fragen der Umsetzbarkeitbarkeit oder der Gebrauchswerte spielen in diesen Phasen noch eine untergeordnete Rolle.[6]

Habitus des freien Künstlers

Restriktionen

Allerdings rücken die Restriktionen im Verlauf der Produktentwicklung zunehmend in den Vordergrund, bis sie schließlich eine Dimension annehmen, die größer ist als in den meisten anderen Feldern des Industrial Design: Strikte Sicherheitsbestimmungen, hoher Rationalisierungsdruck (Plattformkonzepte und Gleichteileverwendung), Aerodynamik-Kriterien u. Ä. markieren ein starkes Kräftefeld von Auflagen, innerhalb dessen die Designer ihr ästhetisch-symbolisches Konzept umsetzen müssen.

3 Eine solche vertikale Produktfamilie wird beispielsweise bei Volkswagen durch die Modellreihen Polo, Golf, Passat und Phaeton oder bei BMW durch die 1er-, 3er-, 5er-, 6er- und 7er-Reihe etc. gebildet.

4 Eine Definition für Symbol, ursprünglich von Clifford Geertz (1987), hier zitiert nach Ruppert in diesem Band.

5 Zum Begriff Künstlerhabitus grundlegend: Ruppert 1998.

6 Die vergleichsweise starke Teilhabe der Autodesigner am Künstlerhabitus drückt sich u. a. darin aus, dass sie – zumal am Anfang einer Produktentwicklung – im Medium ausdrucksstarker Zeichnungen oder Volumenmodelle arbeiten. In diesen Medien rangiert der Objektcharakter vor dem Produktcharakter, es vermittelt sich eher ein „automobiler“ Ausdruck als das bereits ein Auto dargestellt wäre. Erst im Prozess der Produktentwicklung wird dieser Ausdruck in das technische Artefakt „Auto“ überführt.

Potenzielle Gestaltungsspielräume

Aus dieser Spannung heraus, als Künstler-Entwerfer hohe Anpassungsleistungen gegenüber den harten Kriterien der Automobilindustrie erbringen zu müssen, erklärt sich die prinzipielle Aufgeschlossenheit der Autodesigner für das Elektroauto. Potenzielle Gestaltungsspielräume tun sich auf, denn das alternative Antriebskonzept verheißt zwar nicht weniger, aber partiell doch andersartige Restriktionen. Stärker als zuvor erscheinen ästhetisch und konzeptionell innovative Designlösungen für Automobile im Bereich des Machbaren, innovative Formen des Gebrauchs und der Aneignung von Automobilen sind vorstellbar. Zugespitzt könnte man formulieren, dass unter den aktuellen Bedingungen, da Politik und Industrie die Förderung und Entwicklung von Purpose-Design-Elektroautos beschlossen haben (vgl. Wallentowitz in diesem Band), sich für die Designer die seltene Chance bietet, Impulsgeber beim Aufbau einer neuen und nachhaltigen Mobilitätskultur zu werden.[7]

7 Vertreter der Autoindustrie postulieren – wenn auch in abstrakter Form – durchaus einen Zusammenhang zwischen der Entwicklung von PurposeDesign-Elektroautos und einem bevorstehenden Wandel der Mobilitätskultur. So wird zum Beispiel BMW-Chef Norbert Reithofer in einem großformatigen Zeitungsartikel zum Stand der Elektroauto-Entwicklungen zitiert: „Die Mobilität von morgen wird eine andere sein als die von heute", Süddeutsche Zeitung vom 12./13. Januar 2013, S. V2/11.

Designer als Impulsgeber beim Aufbau einer nachhaltigen Mobilitätskultur

Erkenntnisinteresse und Methodik

Design der Fahrzeuge

Im Folgenden möchte ich der Frage nachgehen, ob und in welcher Weise die Automobildesigner diese Chance nutzen. Bewusst möchte ich mich dabei auf das Design der Fahrzeuge selbst konzentrieren. Zwar ist denjenigen Autoren zuzustimmen, die sagen, die Gestaltung der E-Mobility müsse die Entwicklung einer intelligenten, letztlich privaten Autobesitz und Individualverkehr reduzierenden Infrastruktur einschließen, wenn das Projekt ökologisch erfolgreich sein soll. Zweifellos löst die schlichte Existenz elektrobetriebener Fahrzeuge, womöglich als Zusatzanschaffung für den Benzinauto-Fuhrpark (Stichwort: Zweit- oder Drittauto), die ökologischen Probleme des Individualverkehrs in keiner Weise. Weniger nachzuvollziehen ist allerdings die Behauptung derselben Autoren, dass die Gestaltung dieser Infrastruktur Priorität haben müsse gegenüber dem Design der Autos.[8]

Die historische Erfahrung zeigt, dass wir für das Feld des Automobils von einer besonders starken, zum Teil mythisch aufgeladenen Mensch-Maschine-Beziehung ausgehen müssen (vgl. Ruppert in diesem Band). Vom ästhetisch-symbolischen Gehalt seines Designs hängt ganz wesentlich ab, ob ein neues Automobil akzeptiert wird oder nicht. Die langfristige Tradierung dieser besonderen Beziehung lässt es mehr als

8 Exemplarisch für diese Auffassung: Stefan Rammler, Leiter des Instituts für Transportation Design (ITD) an der Hochschule für bildende Künste Braunschweig in einem Interview im design report, Heft 3/2012, S. 31.

unwahrscheinlich erscheinen, dass sich eine distanziertere, gleichsam von symbolischem Ballast befreite Wahrnehmung auf das (Elektro-)Auto herstellen ließe, indem sich die kreative Energie der Gestalter auf das „System" Elektroverkehr und nicht auf deren zentrale Objekte, also die Autos, konzentriert. Im Gegenteil: Auch das Elektroauto ist ein Auto, und die Vermutung liegt nahe, dass es jenseits eines ganz neuen symbolischen Potenzials – hier ist es durchaus vorstellbar, dass sich das Elektroauto zu *der* zentralen Chiffre für die Post-Erdöl-Ära entwickelt – weiterhin als Medium zur Vermittlung konventioneller Botschaften (Stichwort: Individualität, Distinktion, Dynamik, Modernität etc.) angeeignet werden wird.

Elektroauto als Chiffre für die Post-Erdöl-Ära

Allein aus der Notwendigkeit also, für ein neuartiges und in seinen Gebrauchswerten bekanntlich nicht in jeder Hinsicht überlegenes Mobilitätsprodukt Akzeptanz schaffen zu müssen, scheint es geboten, das Design dieses Produkts ernst zu nehmen. Aber nicht nur aus diesem Grund. Wenn die Prognosen zutreffen, dann werden wir es in unseren Lebensräumen, vor allem in den urbanen, in wenigen Jahrzehnten mit einer großen Zahl von Elektroautos zu tun haben. Ihre ästhetische Erscheinung wird die Atmosphäre in den Städten prägen. Damit ist das Design der Fahrzeuge sogar für jene Menschen von Bedeutung, die keinen Führerschein haben; Auch sie haben Anspruch auf eine dem öffentlichen Klima zuträgliche Produktsymbolik.[9] Über die Wertvorstellungen, die einer solchen Symbolik zugrunde liegen, darf und muss gestritten werden. Es liegt jedoch in der ureigenen Verantwortung der Designer, diese zu kreieren – hierbei kann ihnen niemand helfen.[10] Umgekehrt hingegen ist es unabdingbar, dass Transportationdesigner die Entwicklung innovativer und benutzerfreundlicher Infrastrukturen, inklusive Nutzen-Statt-Besitzen-Systemen, Batterie-Servicestationen und Smartphone-Apps nicht im Alleingang angehen, sondern die Zusammenarbeit mit kreativen Akteuren anderer Berufsstände, wie Verkehrsplanern, Architekten, Software-Entwicklern etc. suchen.

Das Projekt i3 von BMW

Eine weitere Fokussierung meiner Darstellung besteht darin, dass ich ein einzelnes Entwicklungsprojekt im Sinne eines Fallbeispiels eingehend betrachten möchte. Gemeint ist das Projekt i3 der Bayrischen Motorenwerke AG. Die Konzentration auf dieses Beispiel, das im günstigsten Fall repräsentativ und damit über den Einzelfall hinaus aussagekräftig ist, soll eine gewisse Tiefenschärfe der Betrachtung ermöglichen.

9 Der Architekturkritiker Niklas Maak verweist auf den Zusammenhang von Autodesign und Stadtkultur. In seiner Wahrnehmung ist das Design moderner SUV dazu angetan, den öffentlichen Raum symbolisch in „Kampfzonen" zu verwandeln. Niklas Maak: Die heisse und die kalte Stadt, in: TU München und Bayrische Akademie der Schönen Künste (Hg.): Die Tradition von morgen. Architektur in München seit 1980, München 2012, S. 29.

10 Leider hält sich die Marginalisierung der ästhetisch-symbolischen Dimension gestalterischer Arbeit im deutschen Design-Diskurs als hartnäckiges Klischee. So findet sich im design report (Heft 3/2012: Elektromobilität) eine Abbildung, die von der Redaktion besonders unglücklich kommentiert wird: „Erst das Konzept, dann die Form: Skizzen für einen Kleintransporter mit Elektroantrieb" (ebd. S. 32). Abgesehen davon, dass es ein Konzept ohne Form gar nicht geben kann, ignoriert dieses Klischee beharrlich die Realität schöpferischer Dynamik, innerhalb derer im intuitiven Spiel mit Formen und Bildern Ideen entstehen können, deren Gehalt über das rein Bildhafte hinausgehen.

Diese ist geboten, wenn es darum geht, die Bedeutung von Designansätzen und deren Entstehungszusammenhänge zu verstehen. Frei assoziierende Bildinterpretationen, wie sie in der Design-Publizistik nicht selten sind, erschließen diese Ebenen nur unzureichend und bergen die Gefahr von Unschärfen und Fehldeutungen.

Das i3-Projekt von BMW scheint mir aus verschiedenen Gründen als Fallbeispiel geeignet. Zunächst weil ihm ein differenziertes Konzept zugrunde liegt, das eine Entwicklung dieses Elektroautos zu einem Leitprodukt der E-Mobility durchaus im Bereich des Möglichen erscheinen lässt: Denn es handelt sich um ein kompaktes Elektroauto, das für den Betrieb auf kurzen und mittellangen Strecken gedacht ist.[11] Angesichts des Entwicklungsstands der Batterien ist dies ein realistisches Anwendungsszenario (vgl. Wallentowitz in diesem Band). Darüber hinaus aber – und das ist vermutlich entscheidender – nehmen die BMW-Strategen die ästhetische Dimension des Elektroautos ernst. Die vorabveröffentlichten Abbildungen machen deutlich, dass die Designer ihrer technik- und autobegeisterten Kundschaft ein „emotionales“ Angebot machen wollen. Der BMW i3 unterscheidet sich visuell von benzinbetriebenen Automobilen in einer Weise, die von der Kundschaft vermutlich positiv aufgenommen werden wird. Im Sinne der Inszenierung von Materialien und Technologien sowie der partiellen Aufhebung der klassischen Fahrzeugstruktur, wirkt das Auto anders als diejenigen, die aktuell auf den Straßen fahren. Gleichzeitig fällt es nicht aus dem Rahmen und ist in einem umfassenden Sinn – also auch symbolisch – ein Auto. Schließlich eignet sich das Projekt auch deshalb zur näheren Betrachtung, weil es gut dokumentiert ist. Aufgrund seiner bereits weit vorangeschrittenen Entwicklung sind Informationen sowohl über die Entwicklungsziele als auch über das Endprodukt selbst zugänglich.

Die ästhetische Dimension des Elektroautos

Ohne der Analyse vorgreifen zu wollen, sei bereits angemerkt, dass das BMW-Projekt stark von klassischen Denk- und Vorstellungsmustern der Automobilindustrie geprägt ist. Deren Akteure sind naturgemäß vor allem dem ökonomischen Erfolg der Produkte verpflichtet und somit stark in die branchenüblichen Diskurse um aktuelle Trends, die Aktivitäten des Wettbewerbs, internationale Entwicklungen etc. eingebunden. Die Spielräume für Reflexionen der längerfristigen kulturellen Bedeutung von Designstrategien sind in dieser Praxis naturgemäß begrenzt – jedenfalls dringt nur wenig an die Öffentlichkeit. Im letzten Teil des Aufsatzes (Fazit) möchte ich ausloten, worin sinnvolle Überlegungen jenseits der Dynamik des Tagesgeschäfts bestehen könnten. Insbesondere interessiert dabei die Frage, was Designer aus der Geschichte ihrer Disziplin lernen können, also inwieweit tragfähige Designkonzepte der Vergangenheit Anregungspotenzial bieten für die Entwicklung erfolgreicher und kulturell werthaltiger Mobilitätsprodukte der Zukunft.

11 Die Aufladung des BMW i3 als Ikone der E-Mobility deutete sich in Form seiner medialen Repräsentation frühzeitig an. Beispielsweise in einem großformatigen Artikel der Süddeutschen Zeitung zum Stand der „Elektro-Offensive“ (12. /13. Januar 2013). Der Artikel ist mit insgesamt vier Abbildungen illustriert, wobei der BMW i3 um ein Mehrfaches größer dargestellt ist als die Elektroautos anderer Hersteller.Auch das stilistisch vergleichbare Modell i8 wurde im design report bereits 2012 euphorisch kommentiert: „Innovation auf der Überholspur: der BMW i8 Spyder als aufwändig gestalteter Imageträger“ (Heft 3/2012: Elektromobilität. S. 38).

4

Das Elektroauto BMW i3 – ein Fallbeispiel

Das Design eines neuen Autos entscheidet maßgeblich über dessen Erfolg. Wie sehr dies der Fall ist, kann man an der äußerst strikten Geheimhaltungspraxis ermessen. Bis unmittelbar vor der offiziellen Vorstellung im Rahmen einer Messe oder Ähnlichem, achten die Hersteller in der Regel sehr darauf, dass niemand erfährt, wie die neuen Modelle aussehen.[12] Ein modernes und zugleich im Zeitgeist liegendes (oder diesen gar antizipierendes) Erscheinungsbild verschafft einen zeitlichen Vorsprung gegenüber den Wettbewerbern und dieser Vorsprung hält umso länger, je später diese darauf reagieren können.

Visuelle Attraktivität des Produktdesigns

Diese im Grunde einfache Kaufmannsweisheit scheint im Falle der Elektroautos außer Kraft gesetzt zu sein. BMW jedenfalls hat die ersten umfassenden Bilddokumentationen zu den beiden Projekten i3 und i8 – bei letzterem handelt es sich um einen zweisitzigen Sportwagen mit Hybridantrieb – bereits im Jahr 2011 veröffentlicht, also zwei beziehungsweise drei Jahre vor der jeweils geplanten Markteinführung (vgl. Der Spiegel, 10.09.2012). So verblüffend diese, von der gängigen Praxis diametral abweichende Kommunikationspolitik erscheinen mag, so naheliegend sind die Gründe hierfür: Der Hersteller geht davon aus, dass er bei den Elektromodellen nicht mit der gleichen a priori-Akzeptanz rechnen kann, wie dies bei den konventionellen Autos der Fall ist. Deshalb betreibt er mit der Vorabveröffentlichung der neuen Modelle ein vorgezogenes Marketing mit dem Ziel, Vorbehalte gegenüber dem noch fremden Produkt frühzeitig abzubauen.[13] Das BMW-Marketing setzt dabei stark auf die visuelle Attraktivität des Produktdesigns. Wie bei allen seinen Produkten sieht das Unternehmen hier den Schlüssel zum Erfolg: Für den Einstieg in die E-Mobility setzt man auf eine Klientel mit symbolischem Abgrenzungsbedarf. In diesem Sinne gehen die Unternehmensstrategen davon aus, dass sich das Design der Elektroautos von dem der konventionellen Modelle unterscheiden muss. Um nun die Stammklientel und deren Bild von der Marke BMW und ihren Produkten nicht zu irritieren, entschied sich das Unternehmen zur Gründung der Untermarke BMW i. Unter diesem Label werden die Elektromodelle nun vertrieben.

Die Bedeutung, die das Unternehmen dem Design der Elektroautos beimisst, lässt sich auch daran erkennen, dass sich in der medialen Kommunikation über die Projekte von BMW i weniger die Unternehmensleitung oder gar der Vertrieb zu Wort melden, sondern in erster Linie der Designchef. Adrian van Hooydonk zeichnet dafür verantwortlich, in Interviews die neuen i-Produkte, vor allem aber die Gestaltungskriterien, die ihnen zugrunde liegen, zu erläutern. Bei dem Versuch, den Zugriff der BMW-Strategen auf das Thema Elektroauto zu erfassen, sind diese Interviews von hohem Quellenwert.

- ***Die Guidelines des Designs***

Im Juni 2011 stellte sich Adrian van Hooydonck den Fragen der Automobil-

12 In den Testphasen der technischen Entwicklung werden Probefahrten im öffentlichen Raum stets mit äußerlich stark verfremdeten Prototypen (sog. Erlkönigen) durchgeführt.

13 In den Worten des Automobildesigners Lutz Fügeners: „Schließlich sind […] sie [die Kunden, Anm. MK] ja seit vielen Jahrzehnten konventionelle Autos gewohnt und brauchen etwas Zeit zum umgewöhnen.", ► https://www.berlinonline.de/themen/auto-und-motor/autotechnik/1003157-61213-kühlervoneautosschaffenplatzfürideende.html, Zugriff: 19.05.2012.

Fachzeitschrift *Auto Motor und Sport.*[14] Die Redakteure befragten den Designer nach allgemeinen Entwicklungen im Bereich des Elektroverkehrs, fokussierten aber im Verlauf des Gesprächs ihr Interesse rasch auf die Gestaltungsmerkmale, über die sich die Elektroautos der Marke BMW i von den benzingetriebenen Fahrzeugen der Marke BMW unterscheiden:

» „**AMS:** Unterscheiden sich die Autos denn wirklich? **van Hooydonk:** Ja, wir kreieren dafür sogar eine neue Marke. Das Straßenbild wird sich durch das Mega-City-Vehicle i3 und den Sportwagen i8 in zwei Jahren drastisch ändern. Die Autos wirken hochmodern, und man hat das Gefühl, die Zukunft sei angekommen.

AMS: Was ist denn so anders?

van Hooydonck: Die Bauweise, der Einsatz von Carbon, die Leichtigkeit und die Aerodynamik, die das Auto auch optisch zum Ausdruck bringt. Da gibt es deutliche Unterschiede zur Marke BMW, deren Tradition darin besteht, sportliche Eleganz auszudrücken".

Modernität, Aerodynamik und Leichtbau: Leitbegriffe des konventionellen Automobilbaus

In dieser knappen Eingangspassage des Interviews benennt van Hooydonk die zentralen Begriffe, an denen sich das Design der BMW-Elektroautos vorrangig orientiert: *Modernität, Aerodynamik* und *Leichtbau.* Dieser Befund muss insofern überraschen, als es sich um historisch gewachsene Leitbegriffe des konventionellen Automobilbaus handelt. Die Begriffe der Reihe nach betrachtet: *Modernität* ist vielleicht eines der „Urmerkmale" des Automobils schlechthin. Und dies im doppelten Sinn. Zum einen war das Auto als technisches Artefakt schon bei seiner „Erfindung" am Ende des 19. Jahrhunderts in den umfassenden Prozess der zivilisatorischen Moderne eingebunden (vgl. Ruppert in diesem Band). Als eine industriell gefertigte Maschine von hoher konstruktiver Komplexität, die die Leistungsfähigkeit des Menschen schon sehr bald weit überstieg, wurde das Auto rasch zu einem Leitprodukt innerhalb dieses Prozesses und ist dies bis heute geblieben. Das Ansehen einer Industrienation bemisst sich nicht unwesentlich am Entwicklungsstand seiner Automobilindustrie. Zum anderen ist das Automobil spätestens seit den 1920er-Jahren *das* Symbolobjekt eines modernen bürgerlichen Lebensstils, innerhalb dessen sich das Erleben von individueller Mobilität und (Bewegungs-) Freiheit sowie räumlicher Entgrenzung, Dynamik und Beschleunigung gleichsam zu einem Grundwert entwickelt hat (vgl. Leggewie 2011). Der Besitz eines modernen Autos ist nunmehr seit fast einhundert Jahren ein Sinnbild für die Partizipation am modernen Leben.

Zum Thema *Leichtbau.* Auch dieser spielte gerade am Beginn des Automobilbaus, als die Motoren noch vergleichsweise schwach waren, eine ähnlich bedeutsame Rolle, wie dies bis dahin bei der Konstruktion von Pferdefuhrwerken naturgemäß der Fall war. Vom Gewicht des Fuhrwerks hingen Reisegeschwindigkeit und -reichweite in entscheidender Weise ab. Nicht zufällig also folgten die ersten Automobile den konstruktiven Prinzipien des Kutschenbaus (vgl. Ruppert in diesem Band). Mag die Bedeutung von Leichtbaukonstruktionen mit der Entwicklung leistungsstärkerer Motoren zunächst zurückgegangen sein, so erlebten sie spätestens seit der ersten Ölkrise Anfang der Siebzigerjahre im Zusammenhang mit der

14 Wenn nicht anders angegeben, sind die folgenden Zitate diesem Interview entnommen: ▶ https://www.auto-motor-und-sport.de/news/adrian-van-hooydonk-im-interview-der-bmw-designchef-ueber-die-e-zukunft-3815578.html.

angestrebten Reduzierung des Benzinverbrauchs eine Renaissance.[15] Im Bereich sportlicher Automobile ist die Entwicklung von Leichtbaukonstruktionen nie abgerissen. Im Gegenteil: Deren nachhaltige Präsenz in der Autolandschaft hat die Begriffe *Leichtbau* und *Hochleistung* gleichsam zu Synonymen der Automobilbaukunst werden lassen. Schließlich handelt es sich bei der *Aerodynamik* ebenfalls um ein inzwischen historisches Gestaltungskriterium für Automobile. Seit den Sechzigerjahren finden sich Alltagsautomobile, deren Karosserieform von der systematischen Erforschung einer Reduzierung des Luftwiderstandes geprägt ist.[16] Am Beginn dieser Entwicklung stand die Steigerung der Höchstgeschwindigkeit im Fokus des Interesses, bevor etwas später weitere Effekte wie die Senkung des Benzinverbrauchs und die Reduzierung der Windgeräusche an Bedeutung gewannen.

Wie kommt es, dass der BMW-Designchef auf die Frage nach dem Besonderen im Design der Elektroautos zuallererst Bekanntes aus dem Bereich des konventionellen Automobilbaus aufzählt? Einiges spricht dafür, dass die Designer und Produktstrategien aus Sorge um die Akzeptanz für die Elektromodelle bewusst oder unbewusst auf bewährte Designkriterien zurückgreifen. *Modernität, Leichtbau* und *Aerodynamik* sind bei Autoliebhabern positiv besetzte Begriffe, und genau diese Zielgruppe will das Unternehmen offenkundig erreichen. In welcher Weise dies geschehen soll, verdeutlicht besonders anschaulich das Designkriterium *Aerodynamik.* Hier fällt auf, dass es nicht nur kein neues, sondern im Zusammenhang mit dem BMW i3 auch ein ambivalentes Designkriterium ist. Denn dieses Elektroauto ist in erster Linie für die Stadt, also für die Fortbewegung mit geringer Geschwindigkeit gedacht:

> » „**AMS:** Beim i3 handelt es sich ja um einen kleinen City-Van? Wie bekommt man da eine gute Aerodynamik hin?
>
> **van Hooydonk:** Der BMW i3 wird kein Van sein, sondern ein neuartiges, modernes Fahrzeug für urbane Mobilität. Eine Limousine hat von Haus aus sicher bessere aerodynamische Voraussetzungen als ein Auto mit One-Box-Design. Aber es ging uns auch um Raumeffizienz und die Möglichkeit, auf einer kleinen Verkehrsfläche möglichst viel Platz zu bieten. Darüber hinaus ist uns eine gute Aerodynamik gelungen."

Obwohl die Redakteure der Fachzeitschrift die Bedeutung einer aerodynamischen Karosserie für ein Stadtauto (Mega-City-Vehicle) nicht weiter hinterfragen, gibt van Hooydonk sie kurz darauf indirekt preis: „die Aerodynamik wird grundsätzlich sichtbar werden", führt er aus. Mit dieser bemerkenswerten Formulierung wird deutlich, dass weniger reale, im Gebrauch wirksam werdende Vorteile eines geringen Luftwiderstands (wie zum Beispiel eine größere Reichweite innerhalb eines Batterieladezyklus) im Vordergrund stehen, sondern etwas *Symbolisches.* Den Designern geht es vor allem um das Bild eines aerodynamischen Fahrzeugs. Damit setzen sie die Inszenierung von Geschwindigkeit, Dynamik und gesteigerter Mobilität als kultfähige aber konventionelle „Werte" der Autokultur fort und tradieren ästhetische Muster, die für ihre Klientel

---

15 Der 1974 eingeführte VW Golf wog 810 kg und wies bei 90 km/h einen DIN-Verbrauch von 5,2 Litern/100 km auf (Modellvariante Formel E).

16 Das bekannteste Beispiel hierfür dürfte der 1967 eingeführte und von Hans Luthe gestaltete NSU RO 80 sein (vgl. Aicher 1984, S. 41).

einen Teil des Faszinosums Auto ausmachen.[17]

Inszenierung von Geschwindigkeit, Dynamik und gesteigerter Mobilität

Ähnlich verhält es sich beim Thema *Leichtbau:* Auch das reduzierte Gewicht des Fahrzeugs wollen die Gestalter „im Design sichtbar machen" (van Hooydonk): Da die konstruktiven Maßnahmen hierzu, wie beispielsweise der Einsatz von kohlefaserverstärkten Kunststoffen im Bereich des Chassis, visuell kaum zu inszenieren sind, weichen sie auf Ersatzmaßnahmen aus: So soll der Dachaufbau mit hellen Materialien und großen Glasflächen versehen werden. Sieht man einmal davon ab, dass Glas leicht aussieht, aber ein Werkstoff mit hohem spezifischen Gewicht ist, stellt sich dennoch die Frage: Warum diese Inszenierung? Eine Gewichtsreduzierung bringt Vorteile im Bereich der Reichweite und der Fahrleistungen, aber ist sie deswegen schon ein Wert, den man – zumal mit Hilfsmitteln – symbolisch kommunizieren muss? Wie schon bei der Aerodynamik, scheint es sich um eine zugespitzte, im Kern aber konventionelle symbolische Maßnahme zu handeln, die sich auf das erwähnte traditionelle Synonym „Leichtbau gleich Hochleistung" bezieht.

Um Missverständnissen vorzubeugen: *Modernität, Aerodynamik* und *Leichtbau* sind natürlich legitime Gestaltungskriterien für Elektroautos. Auch hier gilt: Elektroautos sind Autos, und es liegt auf der Hand, dass ein erheblicher Teil der Erkenntnisse aus der Entwicklungsgeschichte des benzingetriebenen Automobils für die Konzeption von Elektroautos relevant ist. Unser Interesse gilt aber dem Neuen am Design der Elektroautos, mithin den zitierten „ganz neuen Möglichkeiten". Sie sprechen es zwar nicht aus, aber auch den Motorjournalisten von *Auto Motor und Sport* schien aufgefallen zu sein, dass der BMW-Designchef in den ersten Gesprächspassagen diesbezüglich wenig preisgegeben hat. Jedenfalls haken sie nach:

> » „**AMS:** Ändert sich die Optik bei Autos mit E-Antrieb grundsätzlich?
>
> **van Hooydonk:** Beim i3 sitzt der Fahrer quasi auf Batterie und E-Motor. Dadurch ändern sich auch die Proportionen. [...]
>
> **AMS:** Verraten Sie uns noch weitere Kniffe, mit denen man „Zero Emission" optisch zum Ausdruck bringt? **Van Hooydonk:** Ein E-Auto wirkt im Vergleich zu einem BMW Z4 ruhiger. Wir reden hier von einer sauberen Mobilität, und das lässt sich auch durch eine saubere Gestaltung der Oberflächen ausdrücken."

Hier nun erfahren wir etwas über die spezifischen Designansätze für die Modelle von BMW i. Van Hooydonk deutet an, dass sowohl im Bereich des konstruktiven Fahrzeugaufbaus als auch an der Fahrzeugoberfläche etwas Neues entstehen soll. Den Fahrzeugaufbau betreffend bezieht er sich auf die veränderten konstruktiven Bedingungen, die der Elektroantrieb mit sich bringt: Motor und Batterie bilden beim i3 eine geometrisch flache Einheit, die unter der Fahr-

17 Als frühestes Beispiel hierfür wäre die bereits in den Dreißigerjahren symbolisch aufgeladene „Stromlinienform" zu nennen, die rasch zu einer ästhetischen Chiffre für den faszinierenden Rausch der Geschwindigkeit avancierte. Für einige Zeit kam ihr ein stilbildender Charakter im Automobildesign zu, und dies obgleich sie faktisch keine nennenswerte Vorteile erbracht hatte – der von Ferdinand Porsche um 1930 entwickelte „Volkswagen" (der spätere KdF-Wagen bzw. VW Käfer) ist hier sicher das prominenteste Beispiel eines im Geist der Stromlinie gestalteten Automobils.

gastzelle platziert werden kann.[18] Ein derartiger Aufbau wäre mit Benzinmotoren aufgrund ihrer Bauhöhe und Temperaturentwicklung sicher nicht sinnvoll. Zwar erfahren wir nicht, ob diese konstruktive Struktur reale Vorteile im Gebrauch mit sich bringt. Zu vermuten ist allerdings, dass im Vergleich zu einem konventionellen Auto der gleichen Gesamtlänge mehr Laderaum zur Verfügung steht, da der Bereich vor der Fahrgastzelle nicht mehr für den Antrieb benötigt wird. So könnte aus dem Motorraum ein zusätzlicher Stauraum werden.[19]

Spezifische symbolische Botschaften des Elektroautos

Mit ihrer Frage nach den spezifischen symbolischen Botschaften, die das Design der Elektroautos transportieren soll, gehen die Redakteure von *Auto Motor und Sport* interessanterweise a priori davon aus, dass die Emissionsfreiheit des Elektroantriebs das zentrale Thema sein müsste. Van Hooydonk scheint dies auch zu bestätigen, indem er erklärt, man habe sich für eine „ruhige" und „saubere" Gestaltung der Oberflächen als Chiffre für „saubere Mobilität" entschieden. Abgesehen von der Aussage, dass man lediglich kleine Lufteinlässe im Bereich der Fahrzeugfront vorgesehen habe, um den kühlungsfreien Antrieb symbolisch zum Ausdruck zu bringen, wird es im weiteren Verlauf des Gesprächs nicht mehr konkreter.

Zusammengefasst umreißt Adrian van Hooydonk das Design der BMW-Elektroautos so, dass es die grundlegenden Prinzipien von Modernität, Aerodynamik und Leichtbau tradiert. Ferner kommt es konstruktionsbedingt zu Veränderungen in der Fahrzeug-Proportion (höher und kürzer). Als symbolische Repräsentation einer „sauberen Mobilität" setzten die Designer, in den Worten van Hooydonks, auf ein ruhiges Erscheinungsbild („saubere Gestaltung") und kleine Lufteinlässe. Schließlich erscheint es ihnen geboten, den Markenbezug mit stilistischen Mitteln sicherzustellen: Hierzu arbeiten sie mit den BMW-typischen „scharfen Linien" und der Applikation der sogenannten BMW-Niere – ursprünglich eine zweigeteilte Kühleröffnung – als einem Designmerkmal mit langer Tradition und hohem Wiedererkennungswert.

Man wird van Hooydonk und den verantwortlichen Produktmanagern nicht unrecht tun, wenn man festhält, dass sie bei der Erstellung des Designkriterienkatalogs für ihre Elektroautos sehr vorsichtig vorgegangen sind: Innovative Inhalte, die in klarer Abgrenzung zur konventionellen Automobilkultur immerhin vorstellbar gewesen wären, haben sie vermieden.

■ *Das Design*

Nach Auswertung einer Textquelle, die die Leitbegriffe der Gestaltung und Aussagen zu konkreten gestalterischen Maßnahmen lieferte, möchte ich mich im Folgenden den visuellen Quellen zuwenden, nämlich den vorveröffentlichten Illustrationen und Fotografien vom BMW i3. Das Hauptinteresse gilt dabei den Übereinstimmungen und Abweichungen zu den Ausführungen van Hooydonks sowie solchen Design-

18 Die Aussage, wonach „der Fahrer quasi auf Batterie und E-Motor" sitzt, ist irreführend, da der Motor nach den veröffentlichten Darstellungen über der Hinterachse positioniert ist.

19 Andererseits ist davon auszugehen, dass der i3 durch die übereinander liegende Anordnung von Antrieb, Energiespeicher und Fahrgastzelle in der Höhe raumgreifender ausfallen wird als ein vergleichbares Benzinauto. Das könnte bedeuten, dass eine größere Anzahl solcher Autos, vor allem in geparktem Zustand und in engen städtischen Räumen, Blickachsen verstellen und sperrig wirken könnte. Ein ähnliches Phänomen ist aktuell im Zusammenhang mit der Verbreitung von Luxus-Geländewagen (SUV) an innerstädtischen Orten zu beklagen.

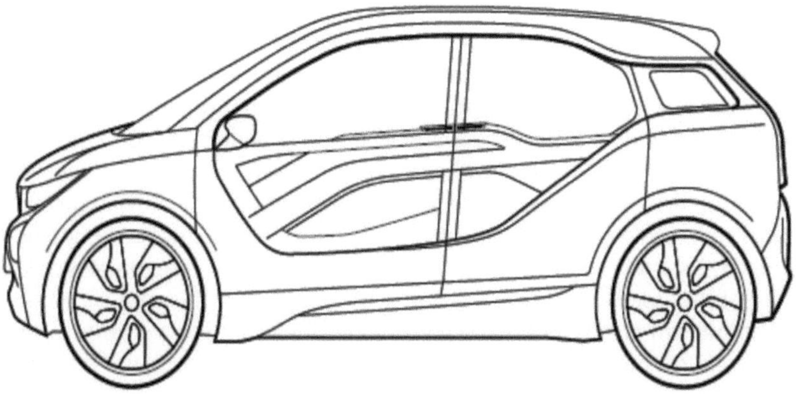

Abb. 4.1 „Saubere Gestaltung" Der BMW i3 in der Seitenansicht. (Quelle: Keichel)

merkmalen, die im Interview ungenannt geblieben sind.[20]

Gesamterscheinung: modern und dynamisch

Wie zu vermuten war, findet sich bei der Betrachtung der Entwürfe Erwartetes ebenso wie Überraschendes. Zunächst das Erwartete: Ein erster Blick auf die Abbildungen macht deutlich, dass es sich beim BMW i3 um ein Kompaktauto handelt, das in seiner Gesamterscheinung nach heutigen Maßstäben modern und dynamisch erscheint. Die angekündigte „sichtbare" Aerodynamik lässt sich leicht ausmachen: tief liegende Karosserie, stark geneigte Frontpartie samt Windschutzscheibe, steil senkrecht stehendes Heck samt Abrisskante. Die erwähnte großzügige Verglasung ist konsequent umgesetzt. Nicht nur das Dach ist verglast, in Verlängerung der Seitenscheiben sind auch die oberen Zweidrittel der Türen aus Glas. Dadurch erscheint die Gürtellinie des Autos deutlich nach unten versetzt und die Fahrgastzelle als entsprechend offener Raum. Der Gesamtkörper des Autos weist eine deutlich größere Transparenz auf, als dies bei üblichen Kleinwagen der Fall ist. Der Einsatz von Glas als Gestaltungsmittel geht so weit, dass die klassische Fahrzeugstruktur aufgehoben zu sein scheint: B- und C-Säulen liegen hinter der umlaufenden Seitenverglasung und treten somit optisch zurück – das Fahrzeugdach scheint zu schweben. Die intensive Verwendung hochmoderner Materialien und Technologien im Bereich der Karosserieteile, Scheinwerfer, Felgen etc. trägt ein Übriges zur radikal modernen Gesamterscheinung des i3 bei. Alles dies hatte van Hooydonk angedeutet, und es trifft zu (Abb. 4.1).

Visuelles Rauschen

Und nun zum Unerwarteten: Zuallererst verblüfft die Vielzahl der geschwungenen Fahrzeugkanten und die grafische Kompliziertheit der vielen Teilungslinien um Türen, Leuchten, Kühlungsöffnungen etc. Diese Merkmale sind nur schwer in Einklang zu bringen mit der Aussage, der i3 sei visuell „ruhig" bzw. „sauber" gestaltet. Eher das Gegenteil ist der Fall: Abgesehen von der kleinen Fronthaube gibt es keinerlei Karosserieflächen, die nicht zergliedert wären. Beinahe überall wölben sich Binnen-

20 Bei den vorab veröffentlichten Bildern handelt es sich um Computerdarstellungen und Fotos von Prototypen, die seit 2011 im Rahmen von Roadshows präsentiert werden.

formen heraus oder zerschneiden harte Teilungslinien die Flächen in unzählige Unterzonen. Die Vielzahl abstrakter Gesten erzeugt insgesamt ein visuelles Rauschen, in dem ein gestalterisches Hauptmotiv nur schwer auszumachen ist. Die harte Zweifarbigkeit der Karosserie (Grundfarbe hellsilber, Fronthaube schwarz) verstärkt den Eindruck einer fraktierten Form.

Als nächstes fällt eine Reihe von Designmerkmalen auf, die van Hooydonk im Interview gar nicht erwähnt hatte, obwohl sie den i3 als Elektroauto geradezu ausweisen sollen: Die Rede ist von einer Anzahl leuchtend blau gefärbter dekorativer Applikationen, die offenkundig den „sauberen Antrieb" symbolisch zum Ausdruck bringen sollen. Dabei handelt es sich unter anderem um die blau lackierte BMW-Niere in der Fahrzeugfront, einen blauen Zierring um das BMW-Emblem, ringförmige blaue Einlagen in den Reifenflanken, eine blaue Umrandung für den Elektroanschluss und eine kräftige blaue Zierleiste seitlich unterhalb der Fahrzeugtüren. Warum van Hooydonk diese stark auffälligen Applikationen nicht erwähnt, ist nicht klar. Womöglich weil sie als Symbole zu unspezifisch sind, jedenfalls greifen andere Hersteller auch auf blaue Applikationen und blauschimmernde Lichtelemente zur Visualisierung von Elektrizität als „sauberer Energieform" zurück.[21]

‚Gesicht' des Autos

Zum Schluss jedoch die größte Überraschung: Die Frontpartie des BMW i3. Sie ist das ‚Gesicht' des Autos, wie kein anderes Designelement prägt sie dessen Ausdruck, und sie ist – was sonst? – das Ergebnis intensiver Gestaltungsarbeit. Wie schaut ein als zukunftsweisend gedachtes Elektroauto eigentlich in die Welt? Diese Frage dürfte die Designer nachhaltig beschäftigt haben. Leider wissen wir über die Auseinandersetzungen um die Physiognomie des BMW i3 nichts, denn ausgerechnet hierzu verliert van Hooydonk ebenfalls kein Wort. Aber man sieht das Resultat. Und das ist so eindeutig wie lapidar: grimmig! Mit halb zugekniffenen Augen in Form der oben angeschnittenen Scheinwerfer, angelegten Ohren, ausgedrückt durch die stark nach hinten gezogenen Ecken der Frontpartie und groß aufgerissenen Nüstern (BMW-Niere) haben die Designer ein ‚Gesicht' kreiert, das in einer Drohgebärde zu erstarren scheint.

Aggressive Symbolik

Im Zusammenspiel mit den vielen gespannten Teilflächen der Karosserie, in denen man ohne große Fantasieanstrengung eine muskulöse Körperlichkeit entdecken kann, scheint das Auto so etwas wie dauerhafte Kampfbereitschaft zu vermitteln – als wäre es den Designern darum gegangen, einen Kampfhund abzubilden. So verblüffend es ist: Die primäre Symbolik dieses Elektroautos ist eine aggressive. Alle anderen Botschaften – Modernität, Leichtbau, Aerodynamik etc. – vermitteln sich erst im Kontext dieser Symbolik und tragen letztlich zu deren Zuspitzung bei. Wie kommt es zu dieser Symbolik? „Saubere Mobilität" auf der einen, Kampfansage auf der anderen Seite – wo ist da der Zusammenhang? (◘ Abb. 4.2).

Einiges spricht dafür, dass die Designer und Produktstrategien von BMW i auch in diesem zentralen Punkt des Fahrzeugdesigns aus Sorge um die Akzeptanz für ihr neues Produkt auf Nummer sicher gegangen

21 Die Front des Audi E-Tron zum Beispiel leuchtet blau, wenn der Akku geladen wird, ► https://www.berlinonline.de/themen/auto-und-motor/autotechnik/1003157-61213-kühlervoneautosschaffenplatzfürideende.html, Zugriff: 19.05.2012.

Abb. 4.2 Die Frontpartie des BMW i3. (Quelle: Keichel)

sind und einen konventionellen Weg gewählt haben. Denn der „grimmige Blick" ist ein weiteres bekanntes Muster aus der Autowelt, in diesem Fall allerdings weniger ein historisches, sondern eher ein aktuelles. Im Januar 2012 schildert der Architektur- und Designkritiker Niklas Maak seine Eindrücke vom Besuch der Internationalen amerikanischen Automobilmesse NAIAS in Detroit:

> „Die Frontpartien der allermeisten aktuellen Autos scheinen [eine] Hysterisierung abzubilden. Sie sehen aus wie die Masken einer griechischen Tragödie; man sieht angstverzerrte, von Panik ergriffene Fratzen, weit offen stehende Kühlermünder, Scheinwerfer in Form leuchtender Zornesfalten, vergitterte Metallrachen, als ernähre sich der Wagen nicht von Benzin, sondern von unzerkleinerten Huftieren [...]." (Frankfurter Allgemeine Zeitung, 12.01.2012, S. 29).

Die These, dass es sich beim Gesamtausdruck des BMW i3-Design um eine wenig originelle oder gar zukunftsweisende, vielmehr an gegenwärtigen Trends orientierte Gestaltungsleistung handelt, gewinnt an Plausibilität, wenn man jüngere Designstudien aus dem Hause BMW vergleichend hinzuzieht. Dabei sticht vor allem eine Retrodesign-Studie aus dem Jahr 2008 ins Auge. In diesem Jahr präsentierte das Unternehmen das BMW M1 Hommage Car. Es handelt sich um eine stark vom Zeitgeist geprägte, sprich verspielte, vor allem aber kraftstrotzende Interpretation des zweisitzigen Sportwagens BMW M1 aus dem Jahr 1978 (Abb. 4.3).

4

■ **Abb. 4.3** Der BMW M1 (Design: Giogietto Giugiaro, 1978). (Quelle: Keichel)

Retrodesign-Studie

Während seiner Produktionszeit bis 1981 war der Ur-M1 kein großer Verkaufserfolg. Als erster kompromissloser BMW-Straßensportwagen der Nachkriegszeit hat er sich aber über die Jahre zu einem kultfähigen Youngtimer entwickelt, der heute bei Sammlern Höchstpreise von 150.000 € und mehr erzielt. Zur Mythenbildung rund um den M1 mag beitragen, dass er als Rennwagen in den einschlägigen Medien der späten Siebziger und frühen Achtzigerjahre durchaus präsent war und von prominenten Rennfahrern wie Niki Lauda gefahren wurde. Die Retrodesign-Studie ist der marketingmotivierte Versuch, an den Mythos M1 anzuknüpfen und das Image der Marke als Hersteller sportlicher Automobile zu unterstreichen. Das Design des Hommage Cars setzt auf die Spannung zwischen der vergleichsweise sachlichen Keilform des historischen Vorbilds, die andeutungsweise noch aufscheint, und den zahlreichen dynamisch gezeichneten Binnenformen und Stylingkanten („Kraftlinien"), die diese jetzt umspielen. Selbstverständlich sind Reifen und Felgen größer und breiter, der Blick der Scheinwerfer „giftiger" und die Lufteinlässe zahlreicher und größer als beim Original. Auch lassen sich eine Reihe nostalgischer Zitate ausmachen, so zum Beispiel die kiemenartigen Lufteinlässe auf der Fronthaube, ein gängiges Stilelement im Sportwagendesign der Siebzigerjahre.

Nostalgisches Designkonzept

Das BMW M1 Hommage Car ist deshalb interessant, weil sich der Eindruck aufdrängt, als habe ausgerechnet dieses eher nostalgische Designkonzept Pate gestanden für die in die Zukunft gerichteten Elektroautoprojekte i3 und i8. Die Ähnlichkeit, vor allem den Ausdruck der Frontpartien betreffend, ist unübersehbar, wobei die visuelle Verwandtschaft zum i8, der ähnlich wie der M1 als zweisitziger Sportwagen konzipiert ist, besonders deutlich ausfällt[22] (■ Abb. 4.4).

Ausdruck starker Ich-Behauptung

An diesem Befund wird deutlich, dass Designkonzepte – auch solche für dezidiert neuartige Produkte – nicht vom Himmel fallen. Sie stehen vielmehr in der Kontinuität längerfristiger Entwicklungen und sind von Menschen gemacht, die in bestimmten Kontexten denken und arbeiten. Die Elektro-

22 Der Bildkommentar zu einem der Fotos, mit denen das BMW M1 Hommage Car im April 2008 auf Spiegel Online vorgestellt wurde, bezog sich explizit auf dessen aggressive Erscheinung: „Düsterer Kumpan: bei dieser Beleuchtung wirkt das BMW M1 Hommage Car beinahe furchteinflößend." ► https://www.spiegel.de/fotostrecke/bmw-m1-hommage-car-keil-fuer-die-zukunft-fotostrecke-31014-6.html, Zugriff: 2. Oktober 2012.

■ **Abb. 4.4** BMW M1 Hommage Car (oben) und BMW i8 (unten). (Quelle: Keichel)

autos BMW i3 und i8 sind Produkte eines Automobilkonzerns, in dem Autodesigner mit großem Erfolg sportliche Automobile entwickeln. Die meisten davon sind manieriert gestylt, vor allem aber – vorsichtig formuliert – mit einem Ausdruck starker Ich-Behauptung versehen. Damit repräsentieren sie, das sei noch einmal ausdrücklich betont, nicht eine Minderheitenströmung im aktuellen ästhetischen Zeitgeist des Automobildesigns, sondern den Mainstream: Ein moderner BMW ist, vielleicht etwas mehr als Autos anderer Hersteller auch, symbolisch gesehen ein „egoblähendes“ Produkt.[23] Und genau das, so wollen es die BMW-Designer und Produktstrategien, sollen die neuen Elektroautos auch sein.

23 Diese markante, den Zusammenhang von ästhetischer Erfahrung und Gefühlen betreffende Formulierung stammt von dem Dirigenten Rupert Huber. In einem Radiointerview problematisierte er die Kompositionen Richard Wagners als eine „egoblähende Kräfte“ freisetzende Musik, die beim Rezipienten eine emotionale „Abtrennung“ von seinen Mitmenschen bewirke. Deutschlandfunk, April 2008.

4

Egoblähendes Produkt

Kritik

Wie bewertet man einen solchen Befund ? Die Chance auf „ganz neue Möglichkeiten" im ersten Anlauf vertan?

Zusammenhang: aggressives Autodesign und aggressives Verhalten im Straßenverkehr

Wenn man nach der problematischen Seite der Produktsymbolik des BMW i3 fragt, drängt sich zunächst der Gedanke nach einem möglichen Zusammenhang zwischen aggressivem Autodesign und aggressivem Verhalten im Straßenverkehr auf. Niklas Maak geht zumindest von einer aggressiven Botschaft aus, die die Autofahrer über ein derartiges Design in den öffentlichen Raum senden:

> „Den übrigen Verkehrsteilnehmern reckt das Auto ein mit Leucht- und Chromzähnen bewehrtes Kühlermaul entgegen, das [...] mitteilt, dass der Fahrer den öffentlichen Raum für einen Ort hält, an dem es ums Fressen und Gefressenwerden geht." (Frankfurter Allgemeine Zeitung 12.01.2012, S. 29)

Inwieweit sich die Verbindung aus Marken- und Produktsymbolik auf das soziale Verhalten der Autofahrer tatsächlich auswirkt, bedarf der Erforschung. Soweit jedoch empirische Daten vorliegen, scheinen sie einen Zusammenhang zu bestätigen. So berichtet der ADAC in seiner Mitgliederzeitschrift vom September 2012, dass sich 93 % aller Autofahrer bereits mehrfach als Opfer aggressiven Verhaltens im Straßenverkehr erlebt haben (ADAC Motorwelt 2012, S. 21). Die Mitgliederumfrage hat das in unserem Zusammenhang interessante Ergebnis erbracht, dass gut 50 % der Befragten der Ansicht sind, dass die aggressivsten Autofahrer in einem BMW sitzen. Deutlich weniger Befragte haben den Eindruck, dass die stärksten Aggressionen von Mercedes- (32,3 %) oder Audi-Fahrern (25,9 %) ausgehen.[24] Wenn man annimmt, dass sich die technischen Leistungsmerkmale der Automobile dieser Marken nicht dramatisch unterscheiden und dass sie in vergleichbarer Anzahl auf den Straßen präsent sind, dann untermauert das Umfrageergebnis die Annahme eines Zusammenhangs zwischen Marken- und Produktsymbolik einerseits und sozialem Verhalten im Straßenverkehr andererseits. Allein die sich hier abzeichnende Tendenz wäre es wert, über alternative Marken und Produktdesignkonzepte nachzudenken – ganz besonders im Hinblick auf das Elektroauto. Die Hauptproblematik aber, die sich mit der Produktsymbolik des BMW i3 verbindet, ist eine andere.

Kollektive Fixierung moderner Gesellschaften auf das Auto

Die Negativfolgen der starken kollektiven Fixierung moderner Gesellschaften auf das Auto als *dem* Objekt der Massenmobilität sind lange bekannt, sie können stichwortartig benannt werden: Umweltbelastung, Flächenverbrauch, Staus, Verlust an urbaner Lebensqualität und Gesundheitsbeeinträchtigungen durch Bewegungsmangel etc. An ökologischen, kulturellen und gesundheitlichen Maßstäben gemessen wäre es sinnvoll, die Einführung des Elektroverkehrs mit dem Ziel einer Reduzierung des individuellen Autoverkehrs zu verbinden. In Deutschland werden ein Viertel aller Bewegungen unter einem Kilometer und die Hälfte aller Bewegungen unter fünf Kilometer mit dem Auto zurückgelegt, obwohl Ampeln und Parkplatzknappheit die Zeitvor-

24 Mehrfachnennungen waren möglich.

teile gegenüber dem Fahrrad weitgehend kompensieren (Leggewie 2011, S. 96). Für die Realisierung eines freiwilligen Verzichts auf Kurzstreckenfahrten im Auto – ein Verzicht der in Form einer Renaissance des Radfahrens durchaus als körperlich-sinnlicher und emotionaler Gewinn erlebt werden kann – wäre es von entscheidender Bedeutung, die mentale Fixierung eines Großteils der Bevölkerung auf das Automobil zu lockern. In diesem Zusammenhang leistet das Designkonzept des BMW i3 das genaue Gegenteil: Es manifestiert das Auto als Fetisch-Objekt. Zum einen, weil es über sein symbolisches Angebot die potenzielle Funktion des Automobils als „Ich-Prothese“[25] fortschreibt. Zum anderen weil es sich nahtlos einfügt in eine gegenwärtig ausgeprägte gesellschaftliche Dynamik, in der sozialer Aufstieg einerseits und die symbolische Abgrenzung nach „unten“ andererseits hoch besetzte Ziele und gängige Praxis sind. Das Design des BMW i3 ist dazu angetan, einer zahlungskräftigen Mittelschicht – das Auto soll nach aktuellem Stand in der Basisversion knapp vierzigtausend Euro kosten – die Option auf einen Prestigegewinn zu bieten; Nach dem Motto: die einen können sich das extravagante Elektroauto leisten, die anderen nicht. Ein solcher „gekaufter“ Prestigegewinn ist erfahrungsgemäß für viele Menschen attraktiv. Gleichzeitig entfaltet er seine größte Wirkung bei solchen Gelegenheiten, die dem Fahrer ein Publikum bieten, also auf Kurzstreckenfahrten in urbanen Räumen. Es spricht nicht wenig für die Prognose, dass ein Elektroauto wie der BMW i3 ausgerechnet jenen Mobilitätsbedarf neu befeuern wird, der am ehesten verzichtbar wäre. Käme es so, stünde dies im Widerspruch zur ökologischen Zielsetzung der Elektromobilitätsinitiative, denn der gesamte Life-Cycle eines Elektroautos, von der Herstellung über den Betrieb bis zur Entsorgung lässt sich nicht emissionsfrei darstellen – schon gar nicht, wenn der Strom für den Fahrzeugbetrieb nicht aus regenerativer Energiegewinnung stammt.

25 Diesen Begriff prägte Wolfgang Sachs, in: Die Liebe zum Automobil. Ein Rückblick in die Geschichte unserer Wünsche. Reinbeck bei Hamburg 1990.

Das Auto als Fetisch-Objekt

Sozialer Aufstieg und symbolische Abgrenzung

Mobilitätsbedarf neu befeuern: Widerspruch zur ökologischen Zielsetzung

Kultureller Kontext des Automobils

Es wäre natürlich zu einseitig, es bei der Darstellung der problematischen Seite des BMW-Designansatzes bewenden zu lassen. Die Professionalität der Arbeit ist ebenso unstrittig wie die erwähnte gestalterische Raffinesse, mit der die Designer zahlreiche innovative Detaillösungen, zum Beispiel im Bereich der Rückleuchten, präsentieren. Und zweifellos ist es positiv zu bewerten, dass ein Autohersteller wie BMW den Menschen als ästhetisches Wesen und die damit verbundene kulturelle und symbolische Dimension des Automobils ernst nimmt. BMW muss seine Produkte verkaufen. Das Unternehmen ist also darauf angewiesen, mit seinen Kunden zu kommunizieren und sich auf deren komplexe Bedürfnisse einzulassen. In diesem Punkt scheint ein Unternehmen gegenüber unabhängigen Forschungseinrichtungen im Vorteil zu sein. Denn von dort kommen nicht selten technisch hoch innovative und reale Gebrauchsvorteile bietende Mobilitätslösungen, an deren Durchsetzbarkeit dennoch große Zweifel bestehen müssen, weil die Entwickler den kulturellen Kontext des Automobils nicht ausreichend im Auge haben. Die Bedeutung des Autos als Symbol findet dort ebenso selten Beachtung wie die emotionale Besetzung des individuellen Fahrerlebnisses.[26] Wer diese „weichen“ Faktoren nicht ernst nimmt, wird mit seinen Konzepten keinen Erfolg haben – selbst dann nicht, wenn sie gebrauchs- und wertebezogen richtig sind. Gerade letzteres möchte man dem BMW i3 aus den dargelegten Gründen nicht in vollem Umfang bescheinigen, dennoch hat er als „Auto“ eine echte Chance im Markt. Sollte er ein Erfolg werden, das sei hier nicht verschwiegen, wäre ihm die Bedeutung eines Pionierprojekts in Sachen Akzeptanzschaffung nicht abzusprechen.

Fazit

Die aktuelle Elektromobilitätsinitiative ist kein singulärer Akt umwelt-, verkehrs- oder energiepolitischer Steuerung. Es hat vergleichbare Initiativen früher schon gegeben. Die Erfahrungen der Vergangenheit haben gezeigt, dass auf einen „Hype“ um das Elektroauto bald schon Ernüchterung und in deren Folge dann auch das Erlöschen eines echten Interesses kommen können. Das war zuletzt Anfang der Neunzigerjahre so (vgl. Schwedes und Wallentowitz in diesem Band). Aber Geschichte wiederholt sich nicht zwangsläufig und es besteht Grund zu der Annahme, dass es diesmal anders ausgeht, auch wenn der euphorische Tonfall in den Berichterstattungen von 2010 bis Mitte 2011 inzwischen sachlicheren Darstellungen gewichen ist.[27]

Neue Form der Freude am Auto

Zu einem Erfolg der aktuellen Initiative würde gehören, dass die kommenden Elektroautos von den Verbrauchern nicht nur akzeptiert, sondern wirklich gewollt werden. Auf dieser Ebene könnten die BMW-Projekte i3 und i8 ein Beitrag sein. „Erfolg“ heißt aber auch, dass das Elektroauto die Gesellschaft in Sachen Mobilität weiterbringt. Die Kriterien, an denen sich ein überindividuell erfahrbarer Fortschritt der Mobilitätskultur bemisst, sind heute partiell andere als früher. Zum Teil geht es sogar darum, Fehlentwicklungen der Vergangenheit wie sie im Zusammenhang mit der Massenmotorisierung seit den Sechzigerjahren zu konstatieren sind, zu korrigieren. Den Kern bildet dabei die Auflockerung der mentalen Fixierung eines Großteils der (vor allem männlichen) Bevölkerung auf das Automobil als einer Art Mobilitätsfetisch. Dabei soll nicht einem auto- oder gar lustfeindlichen Lebensstil das Wort geredet werden. Im Gegenteil: Mit der Einführung des Elektroautos könnte es gelingen, einer großen Gruppe von Menschen eine neue Form der Freude am Auto und am Autofahren zu vermitteln. Die Voraussetzung hierfür wäre die Realisierung eines weniger „getriebenen“ und

26 Exemplarisch für einen solchen Ansatz sei hier das Projekt „EO smart connecting car“ erwähnt, das am Bremer Standort des Deutschen Forschungszentrums für Künstliche Intelligenz (DFKI) entwickelt wurde. Dem Konzept liegt die gewagte Annahme zugrunde, dass die Fahrer von Elektroautos dazu bereit sind, das individuelle Fahrerlebnis aufzugeben, um ihr Fahrzeug mit gleichartigen Fahrzeugen anderer Fahrer zu sog. „Road Trains“ zu verketten. Der Vorteil dieser Lösung bestünde in einem (umgelegt auf das einzelne Fahrzeug) geringeren Energieverbrauch und einer damit verbunden größeren Reichweite.

27 Beispielhaft sei hier die Berichterstattung der Süddeutschen Zeitung über den ehemaligen SAP-Manager Shai Agassi angeführt. In einem fast ganzseitigen Interview vom 15. März 2010 präsentierte die Zeitung ihn als einen Business-Pionier, dem es aktuell gelungen war, für seine E-Mobilty-Firma Better Place Investitionskapital in Höhe von 700 Mio. Dollar zu akquirieren. Unter der Überschrift „Batterie leer“ berichtete die Zeitung am 13. Oktober 2012, dass Agassi seinen Vorstandsposten bei Better Place räumen musste, weil die Firma die Absatzprognosen für Elektroautos in Israel und Dänemark weit verfehlt hatte.

von allzu viel symbolischem Ballast befreiten Verhältnisses zu diesem Produkt. Nur solche Gebrauchsformen, die frei sind von jeglicher Zwanghaftigkeit und Redundanz, können letztlich als wirklich freudvoll erlebt werden. Es gilt die viel zitierte Devise „weniger ist mehr": Die Fahrt in einem Elektroauto wird vor allem dann Freude bereiten, wenn sie nicht zur täglichen Routine verkümmert. Wer zum Beispiel regelmäßig zur Arbeitsstätte pendelt und dies nicht mit dem Auto tut, erhält sich das emotionale Erlebnis einer Autofahrt als etwas Besonderes. Der Ausbau der öffentlichen Verkehrsangebote zu einer attraktiven Alternative wäre natürlich ein notwendiges, allerdings kein hinreichendes Kriterium für einen derartigen Wandel der Mobilitätskultur. Ebenso entscheidend wäre eine veränderte kollektive Wahrnehmung auf das Objekt Auto. Was können Designer zu dieser Veränderung beitragen? Wie sieht ein Auto aus, das einen Wandel im Sinne einer gelösteren Mensch-Objekt-Beziehung befördert?

Wandel der Mobilitätskultur

2011 hat der Politikwissenschaftler Claus Leggewie seine viel beachtete Streitschrift „Mut statt Wut" vorgelegt, in der er uns Bürger dazu ermuntert, gesellschaftlichen Wandel aktiv mitzugestalten. Darin enthalten ist auch ein Kapitel, in dem die Nachhaltigkeitskriterien für den Bereich Mobilität diskutiert werden. Es geht, verkürzt gesagt, um die Realisierung der vier „V": Verbesserung der Verkehrsmittel, Veränderung des Verkehrsablaufs, Verlagerung des Individualverkehrs und Verzicht auf Mobilität (Leggewie 2011, S. 98). Die Verbesserung der Verkehrsmittel betreffend plädiert der Autor für kleinere, leichtere, langsamere, weniger leistungsstarke und besser an den tatsächlichen Transportbedarf angepasste Fahrzeuge (ebd., S. 102). Damit ist ein Kanon von messbaren Gestaltungskriterien umrissen, der sich bewusst von der aktuellen Praxis im konventionellen Automobilbau absetzt und der mit den systembedingten Merkmalen von Elektroautos gut in Einklang zu bringen wäre. Schwieriger ist es natürlich, die weichen Faktoren, also zum Beispiel ästhetische Merkmale zu benennen. Niklas Maak hat das versucht, in dem er sich nicht scheute, die ästhetische Wirkung einer Autodesign-Ikone der Vergangenheit heraufzubeschwören:

> » „Dabei wäre es Zeit für eine neue DS – die so ästhetisch bahnbrechend war, weil sie schon damals alles hatte, was Hybridund Elektroautos bräuchten: strömungsgünstig, verkleidete Kotflügel, eine gestreckte, im Windkanal geformte Karosserie und eine Anmutung, als rolle sie nicht unter heftigem Motorexplosionslärm über die Erde, sondern schwebe lautlos in der Luft." (Frankfurter Allgemeine Zeitung, 12.01.2012, S. 29)

Reibungsfreie und stille Bewegung durch den Raum

Der Citroen DS beeindruckt noch heute durch die Bildhaftigkeit seiner Stromlinienform, und es trifft sicher zu, dass darin etwas zum Ausdruck kommt, das zum Charakter von Elektroautos passt: Eine beinahe reibungsfreie und daher stille Bewegung durch den Raum. Abgesehen davon allerdings scheint eher wenig für die „Göttin" als Leitmotiv für die Gestaltung von Elektroautos zu sprechen. Zur Zeit seiner Erscheinung Mitte der Fünfzigerjahre war der Citroen DS ein sehr großes, äußerst aufwendig gebautes und eben nicht gerade preiswertes Prestigeprodukt, ein Staatswagen in doppeltem Sinn: Einerseits das Dienstauto des Präsidenten und andererseits – wie vor ihm der Eiffelturm und nach ihm die Concorde – ein Statussymbol der „Grande Nation".

4

Historische Designkonzepte

Ästhetisch integrative Produkte

Man kann unterschiedlicher Auffassung darüber sein, welche historischen Designkonzepte inspirierend sein könnten für die Entwicklungsarbeit an kulturell werthaltigen Elektroautos; die Beschäftigung mit diesen scheint jedoch in jedem Fall orientierungsstiftend. Entscheidend ist, dass dies nicht mit nostalgischem, sondern mit historischem, das heißt, den zeitgenössischen Kontext einschließenden Blick geschieht. In diesem Sinne wäre die Betrachtung von Automobilen sinnvoll, die einerseits die nach Leggewie zitierten Kriterien erfüllen und andererseits als ästhetisch integrative Produkte konzipiert sind. Ein solches Auto war zum Beispiel der ebenfalls aus Frankreich stammende Renault 4. Dieses Auto war von Anfang an als französischer „Volkswagen" gedacht und bereits bei seiner Einführung 1961 ein eher kleines und bescheiden motorisiertes Auto. Dank seines ungewöhnlichen und zugleich praktischen Bedienkonzepts („Revolverschaltung") hat er den Zeitgenossen dennoch Fahrspaß bereitet. Zudem bot die intelligente und flexible Innenraumaufteilung ein hohes Maß an Geräumigkeit. Das Entscheidende aber: Das Karosseriedesign des Renault 4 war – das kann man rückblickend sagen – in einem kulturell positiven Sinn bildhaft, weil es viele Zeitgenossen emotional berührt hat, ohne dabei auch nur im Geringsten so fragwürdige Bedürfnisse wie Potenz- oder Platzhirschgehabe bedient zu haben. Als ein Auto, an das über Jahrzehnte hinweg Menschen unterschiedlichster sozialer Herkunft gleichsam klassenübergreifend anknüpfen konnten, war ihm als Konsumgut eine sozial eher verbindende als spaltende Funktion zugekommen.[28] Dabei war der integrative Charakter des Renault 4-Designs keineswegs ein Zufallsprodukt, sondern durchaus intendiert. Renault-Chef Pierre Dreyfus hatte bei seinen Entwicklern im September 1956 ein „volkstümliches und praktisches Auto" in Auftrag gegeben, das „ästhetischer" als die Konkurrenzmodelle und „praktisch und klassenlos wie eine Blue Jeans [sein sollte], jenes Kleidungsstück, das man zu allen Gelegenheiten tragen kann, das nicht kleinzukriegen und überall auf der Welt zu bekommen ist" (Schrader und Pascal 1999, S. 15).

Zurückhaltende Binnenformen, die den Karosseriekörper behutsam beleben

Wenn man das ästhetische Hauptmerkmal des Renault 4-Designs auf eine Formel bringen wollte, dann könnte man sagen, dass es sachlich ist, ohne kalt zu sein. Auf den ersten Blick ein „Kasten" mit gerundeten Ecken und Kanten (Softbox), zeichnet sich bei näherem Hinsehen ein differenziertes Spiel von zurückhaltenden Binnenformen ab, die den Karosseriekörper behutsam beleben. Hinzu kommen einige sehr individuelle Gestaltungsdetails wie der gegenläufige Rhythmus der grafischen Linien der Seitenansicht oder das charakteristische dritte Seitenfenster. In der Gesamtkomposition des Renault 4 realisiert sich scheinbar Widersprüchliches: Das Auto ist visuell einfach und komplex zugleich, man kann es

28 Der Renault 4 wurde von 1961 bis 1992 produziert. Mit einer Gesamtstückzahl von über 8 Mio. Einheiten gehört er zu den meistverkauften Automobilen überhaupt.

unmittelbar erfassen und doch immer wieder neu entdecken. Symbolisch gesehen repräsentiert es seinen Besitzer als selbstbewusstes Individuum, nicht als statusbedürftigen Akteur.[29]

Selbstbewusstes Individuum, nicht statusbedürftiger Akteur

Zum Schluss sei noch auf einen italienischen Autodesigner hingewiesen, der im Verlauf der Siebziger- und Achtzigerjahre eine Reihe von Automobilen gestaltete, die ebenfalls inspirierend sein könnten für das Design von Elektroautos. Gemeint ist Giorgetto Giugiaro, der mit seiner Firma Italdesign so erfolgreiche Modelle wie den VW Golf I (1974), den Fiat Panda (1980) und den Fiat Uno (1981) konzipierte. Bei diesen Autos ist der hohe und zeitgenössisch innovative Gebrauchswert stets betont worden: Platz für vier bis fünf Personen trotz geringer Außenabmessungen, klappbare Sitze und Sitzrückbänke, große Ladeklappe, hohe Zuladung etc. Weniger gewürdigt erscheint dagegen ihr besonderer ästhetischer Gehalt. Ähnlich, wie dies beim R4 der Fall ist, sind sie auf eine bemerkenswerte Weise visuell vielschichtig: Vordergründig ebenfalls mit einem starken Ausdruck von Sachlichkeit versehen,[30] erscheinen diese Autos in ihrer Bildhaftigkeit konzentrierter und „lebendiger" als die meisten ihrer zeitgenössischen Wettbewerbsprodukte. Sei es, dass die spannungsreiche Proportionierung der Karosserien eine dezent vitale Körperlichkeit ausstrahlt oder die Frontpartien als selbstbewusste und freundliche ‚Gesichter' in die Welt schauen.

Dezent vitale Körperlichkeit

Als Giugiaro diese, aufgrund der hohen Stückzahlen als Großprojekte zu bezeichnenden Aufträge erhielt, war er bereits seit rund 20 Jahren im Geschäft. Als Entwerfer mit künstlerischer Sozialisation – Vater und Großvater waren Maler – ist sein Talent früh entdeckt und gefördert worden. Der erste erwerbsbiografische Lebensabschnitt war geprägt von der Mitarbeit in der noblen Turiner Designfirma Bertone, die auf die Entwicklung exklusiver Autos für hochkarätige Marken wie Alfa Romeo, Maserati oder Ferrari spezialisiert war. Bei Bertone und in den ersten Jahren seiner Selbstständigkeit arbeitete Giugiaro an einer Reihe von Sportwagen, die heute als Designikonen gelten – darunter z. B. der bereits erwähnte BMW M1. In diesem Umfeld konnte die Ausdrucksfähigkeit des Designers zu einer tiefgründigen Kompetenz heranreifen, die mittelfristig nicht an den Gegenstand „Sportwagen" gebunden war. Dies jedenfalls stellte Giugiaro unter Beweis, als er in der Zeit nach Bertone mit den erwähnten klassenübergreifend attraktiven Kleinwagen aufwartete. Diese bewegen sich allesamt auf dem Gestaltungsniveau seiner Sportwagen, ohne deren spezifischen Merkmale zu kopieren[31] (◘ Abb. 4.5).

29 In den Worten einer R4-fahrenden Personalmanagerin (45): „Eine gewisse Skurrilität – Hässlichkeit will ich nicht sagen – sorgt auch für eine große Individualität und Zeitlosigkeit. R4-Design ist letztlich gutes Design, weil es auch nach 30 Jahren keineswegs peinlich wirkt." Zitiert in einem Artikel der Zeitschrift Motor Klassik, Heft 7/2011, S. 64.

30 Die Werbekampagne für den Fiat Panda beispielsweise illustrierte diesen Ausdruck in dem Slogan „Die tolle Kiste".

31 In seiner Studie „Kritik am Auto" würdigte der einflussreiche Kommunikationsgestalter Otl Aicher Giugaros Leistungen ausdrücklich: „Schon der Golf war prägnant, der Uno aber hat eine ausgesprochen ästhetische Dominante. Er ist sogar elegant." (vgl. Aicher 1984, S. 46).

Abb. 4.5 Sachliche Eleganz – Der Fiat Uno (Design: Giogietto Giugiaro 1981). (Quelle: Keichel)

Vitale Sachlichkeit

Die Betrachtung orientierungsstiftender Erfolgsbeispiele der Vergangenheit muss natürlich auf breiterer empirischer Basis und systematisch erfolgen. In der Tendenz aber scheint sich anzudeuten, dass nachhaltige Gestaltungslösungen einen ästhetisch integrativen Charakter haben. Ihre Symbolik vermag die verschiedenen Lebensstile von Menschen unterschiedlichen Alters, sozialer Herkunft und kultureller Prägung in einem gewissen Umfang zusammenzuführen. Und dies über einen Zeitraum hinweg, der länger andauert, als ästhetische Trends und Moden. „Vitale Sachlichkeit" könnte vielleicht ein Begriff sein, der solch eine integrative Symbolik bezeichnet. Demnach wäre es vorstellbar, die verschiedenen Elemente eines modernen Elektroautos in einer Weise bild- und sinnhaft zu arrangieren, die den Apparatecharakter des Autos zwar abmildert, aber nicht verleugnet – abstrakte Motive von Körperlichkeit können dabei durchaus eine Rolle spielen, sofern sie sich nicht in den Vordergrund drängen und appliziert erscheinen. Wie der formale Kanon genau beschaffen sein sollte, mit dem sich ein solch dialektisches Motiv realisieren lässt, ist im Kern eine künstlerische Auseinandersetzung. Sie muss von den Designern unter den kulturellen Bedingungen ihrer Zeit jeweils neu geführt werden. Gelingt dieser Prozess, besteht die Aussicht auf „ganz neue" (Elektro-)Mobilitätsprodukte, zu denen die Nutzer eine nachhaltige und zugleich gelockerte Bindung entwickeln: Länger besitzen und weniger fahren – das wäre ein Beitrag zu einer neuen Mobiltätskultur.

„Der Benchmark ist noch immer das heutige Verhalten"

Alltagserfahrungen mit dem Elektroauto aus Sicht der Nutzer/-innen

Christine Ahrend und Jessica Stock

Inhaltsverzeichnis

O. Schwedes, M. Keichel (Hrsg.), *Das Elektroauto*, ATZ/MTZ-Fachbuch,
https://doi.org/10.1007/978-3-658-47643-4_5

Einleitung

Fehlende Perspektive für Nutzer/-innen

Wenn vom Innovationsstandort Deutschland die Rede ist, wird von Forschungs- und Entwicklungsaktivitäten der Wirtschaft und Wissenschaft ebenso gesprochen wie von den institutionellen Rahmenbedingungen, die von der Politik gesetzt werden. Die Anwender der Innovationen bleiben hingegen in aller Regel unberücksichtigt. So stellt die *Expertenkommission Forschung und Innovation* (EFI) der Bundesregierung in ihrem Gutachten zwar fest, dass es in Bezug auf die eingeleitete Energiewende „eines engagierten, koordinierten Einsatzes aller Akteure" bedarf (vgl. EFI 2012, S. 5), doch von Nutzer/-innen innovativer umweltfreundlicher Produkte ist darin nicht die Rede. Dies ist insofern überraschend, als dass der Erfolg innovativer Technologien von ihrer Akzeptanz und Bereitschaft zur Nutzung unmittelbar abhängt. Das gilt für endverbraucherorientierte Produkte wie das Elektroauto in besonderem Maße: Wenn das Elektroauto einen signifikanten Beitrag zur Verringerung der CO_2-Emissionen und zur Verminderung der Abhängigkeit vom Erdöl leisten soll, muss die Nachfrage nach Elektroautos deutlich steigen. Elektrofahrräder haben es im Zuge eines befristeten „Hypes" um die Elektromobilität bereits zu einigermaßen erfolgreichen Produkten gebracht. Sie werden bisher allerdings lediglich als Ergänzung zur schon vorhandenen Verkehrsmittelwahl genutzt.

Tiefverwurzelte Mobilitätsroutinen

Die Akzeptanz für bestimmte Mobilitätsinnovationen führt demnach nicht zwangsläufig zu einer Reduzierung des motorisierten Individualverkehrs. Denn das Automobil steht nicht nur im Zentrum eines der wichtigsten Wirtschaftszweige Deutschlands, sondern es ist auch eingebettet in ein umfassendes Verkehrssystem und tiefverwurzelt in den Mobilitätsroutinen vieler Bürger. Verändert man den Antrieb, sind nicht nur Konstruktions- und Designaspekte des Autos betroffen (vgl. die Beiträge von Wallentowitz und Keichel in diesem Band). Die mit dem Wechsel des Antriebs einhergehenden Eigenschaftsveränderungen des Autos wirken sich auch auf die Nutzung aus. Selbst wenn das Elektroauto in puncto Preis, Reichweite und Ladedauer mittel- oder langfristig mit dem Verbrenner vergleichbar werden sollte, so besitzt es aus Sicht der Nutzer/-innen dennoch Eigenschaften, die von denen des Verbrenners abweichen. Im Folgenden werden wir anhand der Aneignungsprozesse gewerblicher Nutzer/-innen aufzeigen, dass der Erfolg des Elektroautos nicht allein von Wirtschaft und Politik bestimmt wird, sondern von der individuellen Aneignung der Endnutzer/-innen abhängt. Sie sind die eigentlichen Träger einer potenziell neuen Mobilitätskultur! Die Erforschung der Aneignungsweisen des Elektroautos und der damit verbundenen Anforderungen an intermodale Verkehrskonzepte bildet die Basis einer Verkehrsplanung, die den Weg zu einer neuen Mobilitätskultur bereiten will.

5

Träger einer neuen Mobilitätskultur!

Gewerbliche Nutzer von Elektroautos

Die empirischen Ergebnisse, auf die wir uns beziehen, sind im Rahmen des vom Bundesministerium für Wirtschaft und Technologie geförderten Projektes „IKT-basierte Integration der Elektromobilität in die Netzsysteme der Zukunft" entstanden (vgl. Ahrend et al. 2011). Hier wurden gewerbliche Nutzer/-innen von seriennahen Fahrzeugen (Smart Fortwo electric drive, Karabag 500 E und Micro Vett Fiorino E, siehe ◘ Abb. 5.1) aus Berlin und Nordrhein-Westfalen interviewt. Wir haben insgesamt 36 gewerbliche Nutzer, darunter 5 Frauen, befragen können. Das Alter der Mehrheit der Nutzer/-innen lag zwischen 36 und 55 Jahren. Bei der Auswahl der Probanden war eine Mindestnutzungszeit von einem Monat Bedingung. Unsere befragten Nutzer/-innen konnten zum Zeitpunkt des Interviews auf eine Nutzungsdauer von durchschnittlich vier Monate zurückblicken. Dabei ist in unserer Stichprobe ein breites Spektrum an Branchen vertreten: Telekommunikation, Logistik, Medizintechnik, Kfz-Sachverständige, Bundesministerien, Energieversorger, Chemie- und Pharmaindustrie, Immobilienbranche, Pflegedienstbereich und Hotelgewerbe. Die Einsatzzwecke reichen von Fahrten im Außendienst und der Kundenbetreuung über Kurierfahrten bis hin zu repräsentativen Gebrauchsformen (Teilnahme an Presseterminen, Veranstaltungen, Messen). Die Datenerhebung erfolgte zwischen August 2010 und Januar 2011 im Rahmen von individuell vereinbarten Interviews mittels eines semistrukturierten Leitfadens.

◘ **Abb. 5.1** (Quelle: Stock)

Innovationsforschung und Technikaneignung im Alltag

Akzeptanz: notwendige, aber nicht hinreichende Bedingung!

Technische Innovationen als Motor gesellschaftlicher Entwicklung stellen ein zentrales Merkmal moderner Gesellschaften dar (vgl. Prahalad und Krishnan 2008). Ob eine Neuerung tatsächlich zu einer durchgesetzten Innovation wird, hängt allerdings von vielen Faktoren ab. Dabei stellt die Akzeptanz durch potenzielle Nutzer/-innen eine zwar notwendige, aber keineswegs hinreichende Bedingung für die erfolgreiche Durchsetzung einer neuen Technik dar. Dem ‚Social Construction of Technology'-Ansatz folgend (vgl. Bijker et al. 2005), stellt Technikentwicklung vielmehr einen langwierigen sozialen Prozess dar, an dem unterschiedliche Akteursgruppen beteiligt sind. Technische Neuerungen werden nicht einfach am Zeichenbrett konstruiert und dann den Nutzer/-innen zur Anwendung übergeben. Vielmehr besteht zwischen den verschiedenen Akteursgruppen ein Wechselverhältnis. Die Technik zirkuliert zwischen den Ingenieuren, anderen am Innovationsprozess beteiligten Interessengruppen und den Nutzer/-innen. Auf diese Weise werden letztlich alle am Prozess beteiligten Gruppen gleichermaßen zu Konstrukteuren der Technik und zu Nutzer/-innen. Eine verkehrspolitische Relevanz kann das Elektroauto jedoch erst erfahren, wenn die Nutzer/-innen ihm eine relevante Rolle in ihren Alltagspraktiken zuweisen. Die vielfach postulierte *Akzeptanz* des Elektroautos sagt so noch nichts über die Bereitschaft der Nutzer/-innen aus, sich auf die notwendige Investition (Zeit, Langmut und Finanzen) für die Veränderung ihres Verkehrsverhaltens einzulassen. Vielmehr kommt der Technikaneignung, verstanden als eine Anpassungsleistung an die alltäglichen Handlungsanforderungen, eine besondere Bedeutung zu.

Technikaneignung als Anpassungsleistung

Unter Technikaneignung ist ein Lernprozess zu verstehen, in dem Nutzer/-innen den Umgang mit neuer Technik einüben und die Technik entweder in bestehende Routinen einbinden oder aber neue Routinen ausbilden. Der Prozess der Technikaneignung beginnt dabei nicht erst mit der eigentlichen Nutzung. Bereits vor dem Gebrauch machen sich Menschen ein Bild von der Technik: Elektroautofahrer haben Erwartungen an die Eigenschaften und die Nutzungsmöglichkeiten des Elektroautos. Diese prägen schon im Vorfeld den Eindruck vom Elektroauto. Der Lernprozess selbst schließlich benötigt zeitliche und ggf. finanzielle Investitionen der Nutzer/-innen, ein nicht geringes Maß an Flexibilität und Frustrationstoleranz sowie ein mittel oder langfristiges Ziel.

Wechselseitige Bedingtheit von Technikaneignung und gesellschaftlichen Diffusionsprozessen

Technikaneignung wird als Begriff in der Literatur sowohl für individuelle als auch für kollektive Prozesse verwendet.[1] Aus unserer Sicht sollten kollektive Aneignungsprozesse aber treffender mit dem Begriff der Technikdiffusion (bzw. Technikverbreitung) bezeichnet werden. Prinzipiell gilt, dass indivi-

1 Analog zum Begriff der Technikaneignung wird manchmal auch von Techniksozialisation gesprochen (vgl. auch Tully 2003, S. 18 ff.). Dieser Begriff soll stärker von der einzelnen Technik abstrahieren und einen umfassenden Lernprozess hervorheben. Wir bevorzugen aber den Begriff der Aneignung, um den aktiven, kreativen Gebrauch hervorzuheben. Technik schreibt keineswegs eine einzig mögliche Nutzungsoption vor. Sie gibt den Nutzer/-innen Spielräume.

Abb. 5.2 (Quelle: Stock)

duelle Technikaneignung und gesellschaftliche Diffusionsprozesse in einem Verhältnis wechselseitiger Bedingtheit stehen: Technikdiffusion ist ohne Technikaneignung nicht denkbar und individuelle Aneignungsprozesse verlaufen nicht unabhängig davon, wie Innovationen kollektiv wahrgenommen werden. Letzteres zeigt sich beispielhaft in innovationsskeptischen gesellschaftlichen Feldern, wie z. B. Bürokratien, in denen es dem Einzelnen deutlich schwerer fällt, eine neue Technik in den Alltag erfolgreich zu integrieren (Abb. 5.2).

Das Elektroauto als Teil alltäglicher Mobilitätsmuster

Technik muss nicht nur akzeptiert, sondern in das „Wissens- und Verhaltensrepertoire" der Nutzer/-innen integriert werden (Rammert 1990, S. 246). So müsste das Elektroauto Teil der alltäglichen Mobilitätsmuster werden, d. h. es muss von den Nutzer/-innen in ihre Verkehrsmittelwahlentscheidung eingebunden werden, damit es Marktrelevanz bekommt. Um verkehrspolitisch eine signifikante Bedeutung zu erhalten, sollte die sensible Phase der Einbindung dieses neuen Verkehrsmittels in die individuellen Routinen, also der Veränderung von Mobilitätsmustern, strategisch in den Planungsprozessen berücksichtigt werden. Dies kann geschehen, indem vorhandene Trends, die verändertes, weniger autofokussiertes Verkehrsverhalten aufzeigen, aufgegriffen und in integrierte Verkehrskonzepte eingebunden werden (Abb. 5.3).

Integration des Elektroautos in Alltagspraktiken

Erst wenn Nutzer/-innen mit unterschiedlichen Fertigkeiten und Fähigkeiten sowie Motivationen sich das Produkt

Abb. 5.3 (Quelle: Stock)

‚erfolgreich' aneignen, indem sie es in ihre Alltagspraktiken integrieren, bewährt es sich und gilt als funktionierend (vgl. auch Rammert 2000, S. 97). Doch warum sollten Nutzer/-innen überhaupt neue Technik ausprobieren? Neue Technik kann im Vergleich zur alten besser mit gesellschaftlichen Entwicklungen und Trends kompatibel sein, ohne dass die alte Technik ihren Gebrauchswert eingebüßt hätte. Nutzer/-innen integrieren neue Technik dann in ihren Alltag, wenn diese besser mit ihrer Lebensweise kompatibel bzw. adäquater mit veränderten Lebensumständen vereinbar ist: „Technisches Funktionieren schließt soziales Funktionieren ein" (Rammert 2000, S. 93). Ein Aspekt, der in der aktuellen Forschung rund um die Elektromobilität nicht ernsthaft genug berücksichtigt wird. Ob ein Innovationsprodukt wie das Elektroauto die Defizite des konventionellen Automobils zu überwinden in der Lage ist, kann erst eingehend untersucht werden, wenn die technische Neuerung in Form von ersten Realisierungen vorhanden ist und mit verschiedenen Nutzungskontexten konfrontiert wird. Oftmals stellen die ersten Nutzer/-innenkreise Pioniergruppen, sog. ‚early adopters' dar (vgl. von Hippel 1986; Rogers 2003), vor allem dann, wenn sich die Bedeutungs- und Einsatzzwecke in den Innovationsnetzwerken noch nicht stabilisiert haben, wenn also die an der Konstruktion und Durchsetzung beteiligten gesellschaftlichen Akteure die Funktionsweisen und Einsatzgebiete der neuen Technik weiterhin verhandeln. In Hinblick auf die allgemeine Aneignung des Elektroautos sind sie aber der ‚early majority' zuzurechnen, also derjenigen Gruppe, die den frühen Pionieren in den 1990er-Jahren folgten. Anders als die „early adopters“, die sich durch eine starke intrinsische Motivation auszeichnen und auch über die üblichen „Kinderkrankheiten“ neuer Technologien hinwegsehen, spiegelt die „early majority“ stärker den Mainstream. Aber während erstere oft als „Freaks“ wahrgenommen werden, die in der gesellschaftlichen Nische wirken, tragen letztere durch ihre aktive Technikaneignung in Alltagssituationen dazu bei, den Weg für weitere Nutzer/-innengruppen vorzubereiten (vgl. Rammert 1990, S. 248). Dabei stehen verschiedene Nutzungsvisionen nebeneinander, von denen sich bisher noch keine im elektromobilen Innovationsnetzwerk durchsetzen konnte.

‚early adopters' und ‚early majority'

Basis für verkehrspolitische und -planerische Strategien

Eine Analyse der individuellen Aneignung des Elektroautos im Rahmen alltäglicher Nutzung gibt Auskunft darüber, welche Bedeutung dieser technischen Innovation in der Praxis zukommen kann. Erst Erkenntnisse darüber, in welcher Weise eine verkehrstechnische Neuerung in bestehende Mobilitätsroutinen eingebunden wird bzw. wo die Grenzen einer solchen Integration liegen sowie die Ermittlung der Folgen für den Alltag der Nutzer/-innen, liefern die Basis für verkehrspolitische und -planerische Strategien, die das Ziel einer breiten und nachhaltigen Diffusion verfolgen. Im Folgenden soll der Prozess der Technikaneignung am Beispiel der gewerblichen Nutzung von Elektroautos aufgezeigt werden.

Substitution oder Innovation: Zwei Perspektiven auf das Elektroauto und dessen Nutzung

Potenziale für elektromobile Nutzungsformen

Die Nutzer/-innen haben vom Elektroauto ein differenziertes Bild. Sie sind in der Regel weder bedingungslos begeistert noch stehen sie dem Elektroauto vollkommen ablehnend gegenüber. Die differenzierte Haltung der Nutzer/-innen schlägt sich in der Substitutions- und in der Innovationsperspektive nieder. Nahezu alle Nutzer/-innen können beide Perspektiven einnehmen und tun dies auch. Nach unseren Analysen zeigen sich auf diese Weise prinzipiell bei allen Nutzer/-innen Potenziale für elektromobile Nutzungsformen.

Solange Nutzer/-innen die Substitutionsperspektive einnehmen, soll das Elektroauto den konventionellen Verbrenner möglichst gleichwertig oder aber besser ersetzen. Bestehende Mobilitätsbedürfnisse sollen dann äquivalent erfüllt werden.

» „Würde mehr Spaß machen, [wenn Elektrofahrzeuge] von den Eigenschaften mehr an die Verbrennungsmotoren rankommen, wenn die Beschleunigungswerte usw. besser wären.“ (Interview 27)

Aus der Innovationsperspektive hingegen stellt das Elektroauto mehr als nur ein Substitut des Verbrenners dar. Es wird zu einer eigenständigen Neuerung mit spezifischer Produktidentität, die vom Nutzer ästhetisch-sinnlich erlebt wird:

» „Also ja, klar, es ist auch eine ganz andere Technologie. Also ehrlich gesagt, ich fand mich total an Star Wars erinnert. Ich habe mir das so immer vorgestellt. Das war so ein Gleiten, […] diese Geräusche, das ist ja der Wahnsinn, wie sich das anfühlt." (Interview 17)

Referenz zu konventionellen Fahrzeugen

Gegenwärtig dominiert bei den meisten Nutzer/-innen die Substitutionsperspektive. Die Nutzer/-innen setzen das Elektroauto in Referenz zu konventionellen Fahrzeugen und beurteilen seine Leistungsfähigkeit hauptsächlich im Vergleich mit deren Eigenschaften.

» „Aber da sieht man natürlich dann schon den Unterschied. Und man wird da natürlich auch vergleichen, dass man sagt: Hier ist eine Serie, normal, konventionell gefahren, hier ist elektrisch – welche Vor- und Nachteile hat das Ganze dann?" (Interview 8)

Geringe Alltagstauglichkeit

So wird das Elektroauto vor allem hinsichtlich der Aspekte ‚Reichweite' und ‚Laden' als weniger alltagstauglich eingestuft. Die Bewertung der Alltagstauglichkeit bezieht sich dabei keineswegs nur auf die tatsächliche Nutzung, sondern auch auf die unterschiedlichen Nutzungspotenziale, die durch die Fahrzeuge geboten werden.

» „Der Benchmark ist doch immer das heutige Verhalten. Sie tanken ein Auto mit einem 80-L-Tank innerhalb von fünf Minuten voll, […] dann kommen Sie […] je nachdem, was Sie da für einen Motor drin haben, 1.000 km weit. So. Der Smart braucht achteinhalb Stunden, bis er vollgetankt wird, und Sie kommen 100 km weit. Passt nicht." (Interview 9)

Mit einem Verbrenner kann man ohne aufwendige Vorbereitungen beinahe jeden beliebigen Ort erreichen. Zudem funktioniert er technisch zuverlässig und gibt den Nutzer/-innen in dieser Hinsicht keine Veranlassung, Mobilitätsalternativen in Betracht zu ziehen. Das Elektroauto hingegen ist nicht gleichermaßen problemlos nutzbar. Es hat aus Nutzer/-innensicht seine technische Zuverlässigkeit noch nicht bewiesen und es verheißt keine Einsetzbarkeit für alle Zwecke und Situationen (vgl. Graham-Rowe et al. 2012). Die aufgrund der Restriktionen notwendige zusätzliche Planung verhindert eine potenziell uneingeschränkte Nutzung und lässt das Elektroauto weniger alltagstauglich erscheinen. Zu dieser Beurteilung kommen die Nutzer/-innen auch dann, wenn bei der tatsächlichen gewerblichen Nutzung das Nutzungspotenzial, das ein Verbrenner bereit hält, gar nicht ausgenutzt wird und das Elektroauto völlig hinreichend wäre. Die Erfolgsaussichten der Neuerung Elektroauto bemessen sich demzufolge nicht daran, ob es ‚objektiv' gesehen für die täglich zurückgelegten Wege in der Regel ausreichen wird. Die Nutzer/-innen bemessen die Gebrauchstauglichkeit des Elektroautos also nicht nur an realen Einsatzformen, sondern ebenso vor dem Hintergrund ihrer Wünsche und Vorstellungen über Mobilität (vgl. Ruppert in diesem Band). Ein Verkehrsmittel muss diesen Erwartungen gerecht werden, wenn es in die Alltagsroutinen nachhaltig eingebaut werden soll. Dies zeigt sich auch im Praxisverhalten derjenigen Nutzer/-innen, die überwiegend die Substitutionsperspektive einnehmen. Sie greifen schon während des Pilotprojekts häufiger auf den Verbrenner zurück und beabsichtigen auch keinen späteren Elektroautokauf und folglich auch keine dauerhafte Nutzung. Auf diese Weise stabilisieren sie die Neuerung Elektroauto auf der pragmatischen Ebene nicht nachhaltig. Die Aneignung des konventionellen Automobils beeinflusst die Bewertung von Elektroautos deutlich: Sie werden von den Nutzer/-innen

Abb. 5.4 (Quelle: Stock)

umso kritischer beurteilt, je stärker sie den Verbrenner und seine Nutzungspotenziale als Vergleichsebene heranziehen. Die Substitutionsperspektive wird durch die aktuelle auf das motorisierte Individualfahrzeug ausgerichtete Kommunikation der Bundesregierung bekräftigt, das somit weiterhin als solitäres Verkehrsmittel ohne Einbindung in multimodale Angebote präsentiert wird (Abb. 5.4).

Entscheidend sind die Wünsche und Vorstellungen über Mobilität

Doch die Nutzer/-innen registrieren durchaus auch die innovativen Momente des Elektroautos. In bestimmten Situationen nehmen sie statt der Substitutions- die Innovationsperspektive ein. Das Elektroauto wird dann nicht nur als Fahrzeug wahrgenommen, das unerwünscht vom Verbrenner abweicht, sondern auch als etwas Besonderes. Das Elektroauto mit seinen spezifischen Eigenschaften darf und soll teilweise auch vom Verbrenner abweichen. Beispielsweise denken die Nutzer/-innen an alternative Gestaltungskonzepte:

Elektroautos neu designen

> „Und Sie haben heute die Möglichkeit, Autos neu zu designen. […] Aber das war wie beim Herrn Daimler, der einen Motor erfunden hat und den dann in eine Pferdekutsche eingebaut hat und das Pferd weggelassen hat. Und genauso ist das heute auch. Der Elektromotor wird in ein normales Auto, das für den Verbrennungsmotor designt wurde, eingebaut, und die Batterie dazu. Und das ist eigentlich Quatsch.

Man kann das Auto anders designen heute. Aufgrund dieser Technologie, die da ist, können Autos durchaus anders aussehen. Und das beginnt jetzt auch langsam, dass Designer ein Elektroauto entwerfen, das nur als Elektroauto denkbar ist.“ (Interview 12)

Hier werden positive Aspekte wie die Lärm- und Emissionslosigkeit hervorgehoben, während die technischen Unzulänglichkeiten in den Hintergrund treten. Zudem wird mit dem Elektroauto die Hoffnung verbunden, Mobilität in Zukunft neu denken zu können:

» „Durchschnittlich sitzen im Auto ja 1,25 Personen drin. Die meisten haben fünf Plätze und fahren dann vier Plätze durch die Gegend in 99 % der Nutzung. Und nur weil sie einmal in Urlaub fahren im Jahr, brauchen sie ein großes Auto. Das ist Quatsch. Man kann sich ein Auto mieten im Urlaub. Man kann in Urlaub fliegen und kann sich vor Ort eins mieten, oder man fährt mit dem Zug oder was auch immer. Das Bewusstsein setzt sich erst langsam durch.“ (Interview 12)

Innovationspotenziale des Elektroautos

Die Produktidentität des Elektroautos hat sich auch in der Innovationsperspektive nicht dauerhaft etabliert. Denn weder im Vergleich mit den vorhandenen Mobilitätsroutinen noch durch die Aussicht auf neue Handlungsperspektiven konnte das Elektroauto über seinen Einsatz als kurzfristiges Spaßmobil hinaus überzeugen. Dennoch hat die Analyse Innovationspotenziale aufgezeigt, die die Nutzer/-innen mit dem Elektroauto derzeit verbinden und die trotz aller wahrgenommenen Nachteile dazu führen, dass sie gerne gewerblich mit dem Elektroauto fahren: Zunächst ist das Elektroauto innovativ, weil es neu ist, ungewöhnlich erscheint und somit potenziellen Aufmerksamkeitsgewinn verheißt (Neuheitswert).

» „Ich finde es sehr angenehm. Es ist futuristisch, und wenn man an Leuten vorbeifährt, die grade mal, wenn es leise ist, auch mitkriegen, dass man kein Geräusch macht, die dann hinterher gucken, auch wegen der auffälligen Beklebung … Also das ist schon lustig, damit rumzufahren. Ich finde es sehr angenehm.“ (Interview 34)

Neuheitswert, Fortschrittsversprechen und Seltenheitswert

Darüber hinaus verbinden sie mit dem Elektroauto das Versprechen, dass es zumindest mittel- und langfristig eine Verbesserung gegenüber dem Verbrenner darstellt (Fortschrittsversprechen). Innovativ ist das Elektroauto auch aufgrund der Nutzungsfreude, die es den Nutzer/-innen bereitet. Der erhöhte Fahrspaß resultiert aus gutem Beschleunigungsverhalten und fehlender Kupplung sowie einer angenehmen, gleichsam entspannten Nutzung aufgrund des leisen bis geräuschlosen Fahrens. Das Elektroauto stellt außerdem eine Innovation für Umwelt und Lebensqualität dar. Die Nutzer/-innen verbinden mit dem Elektroauto ein Fortbewegungsmittel, das nicht nur ihre Lebensqualität erhöht, sondern es ihnen auch ermöglicht, umweltfreundlich mobil zu sein. Schließlich ist das Elektroauto aus Sicht der Nutzer/-innen auch deshalb innovativ, weil es bisher noch selten ist (Seltenheitswert). Nicht jeder kann ein Elektroauto ohne Weiteres erwerben und fahren. Der Zugang ist noch limitiert (Kosten, Verfügbarkeit), wodurch die Nutzer/-innen selbst eine Sonderrolle inne haben und gegenüber Dritten einen Erfahrungs- und Nutzungsvorsprung aufbauen können.

Umweltfreundlich mobil sein

> „Aber wenn man sagen kann: Ich bin einen gefahren oder ich fahre ihn sogar oder er steht sogar draußen – ist das immer ein Gefühl, absolut besonders zu sein, weil es so selten ist, etwas Besonderes zu wissen, zu können, wo nicht alle Zugang zu haben." (Interview)

Die Nutzer/-innen genießen es, Pioniere zu sein. Auf diese Weise zeigt sich der Innovationsimperativ moderner Gesellschaften auch bei den Nutzer/-innen: Pionier sein bedeutet innovativ sein (vgl. Hutter et al. 2011).

Die Integration des Elektroautos in den Alltag

Erwartungen an das Elektroauto

Der Prozess der Aneignung beginnt schon vor der eigentlichen Nutzung. Schon vor dem Gebrauch haben die Nutzer/-innen Erwartungen in Hinblick auf das Elektroauto ausgebildet. Bereits vorhandene Kenntnisse über Elektromobilität zeigen sich vor allem in Vergleichen mit Elektroautos, die jenseits der Serienreife oder in nur kleiner Stückzahl produziert worden sind. Das Elektroauto zirkuliert als Neuerung bereits seit Beginn des Automobilismus zwischen Nutzer/-innen und Konstrukteuren (Canzler 1997; Merki 2002; Sachs 1990). Daher haben auch die befragten gewerblichen Nutzer/-innen bereits Vorstellungen von Elektroautos, die allerdings zumeist recht vager Natur sind. Das zeigt sich in Bewertungssituationen, in denen Nutzer/-innen äußern, dass sie etwas überrascht oder aber enttäuscht hat.

Dauerhafte Nutzung und Änderung von Mobilitätsroutinen?

Änderung von Mobilitätsroutinen

Auch wenn die Nutzungszeit auf die Dauer des Pilotprojektes beschränkt war, stellten sich im Hinblick auf eine dauerhafte Nutzung, folgende Fragen: 1) Wie haben die Nutzer/-innen eine Integration des Elektroautos in den beruflichen Alltag vollzogen? 2) Hat das Elektroauto in die Mobilitätsroutinen der Nutzer/-innen nachhaltigen Eingang gefunden und zu Veränderungen geführt? 3) Können sich die Nutzer/-innen eine zukünftige gewerbliche Nutzung und eine dauerhafte Änderung von Mobilitätsroutinen vorstellen?

Für alle befragten Nutzer/-innen gilt, dass sie bereits vor der Nutzung des Elektroautos Mobilitätserfahrungen gemacht und Mobilitätsroutinen ausgebildet haben (vgl. Ahrend 2002b). Dem Automobil kommt hierbei beruflich wie privat eine besondere Bedeutung zu. Gerade beruflich sind die Nutzer/-innen fast ausnahmslos mit dem Auto unterwegs. Auf andere Verkehrsmittel wird nur zurückgegriffen, wenn die Streckenlänge den Zug oder das Flugzeug hinsichtlich Reisezeit und Komfort attraktiver erscheinen lassen. Die beruflichen Erfordernisse lassen aus Nutzer/-innensicht gegenwärtig kein anderes Verkehrsmittel als das Auto zu. Für die zeitlich limitierte Nutzungsdauer müssen die Nutzer/-innen das Elektroauto in ihren beruflichen Alltag integrieren und somit Routinen aufbrechen.

Grenzen der Nutzung

Der Kontext der gewerblichen Nutzung mit festgelegten Wegezwecken und Vorgaben bezüglich der Arbeitszeiten setzen der gewerblichen Nutzung des Elektroautos von Anfang an Grenzen. Die gewerblichen Nutzer/-innen testen von Beginn an das Elektroauto in Hinblick auf seine Fähigkeit, den Verbrenner funktional ersetzen zu können. Dieser verbleibt, wie dargelegt, in der Rolle des Erstwagens, denn zur Sicherstellung der Mobilität stellt der Verbrenner auch im betrieblichen Einsatz die bessere Variante dar. Aufgrund der Verfügbarkeit des Verbrenners als Alternative wurden die Nutzer/-innen nur sehr selten dazu veranlasst, ihre betriebliche Mobilität im Grundsatz zu hinterfragen. Die Nutzungsunsicherheit, die insbesondere mit der Reichweitenrestriktion einhergeht, führte jedoch bei nahezu allen Nutzer/-innen zu Überlegungen über das geeignete Fahrzeug für die geplanten Wege und zu einer Veränderung des Fahrstils. Um die Batterie zu schonen und potenziell mehr Reichweite zur Verfügung zu haben, ist bei den Nutzer/-innen eine defensivere, energiesparende Fahrweise erkennbar. Viele Nutzer/-innen lassen zudem häufig Heizung, Klimaanlage und Radio ausgeschaltet, um die Reichweite noch weiter zu erhöhen. Von einer Ausbildung neuer Mobilitätsroutinen kann an dieser Stelle aber nicht die Rede sein. Bewährte Mobilitätsroutinen werden von den Nutzer/-innen nur dann hinterfragt, wenn sie nicht nur als ‚äußere Zumutung' an sie herangetragen werden (vgl. Ahrend 2002a, b), sondern im Rahmen von (persönlichen) ‚Krisensituationen' und sich dadurch ergebenden Entscheidungsfenstern ernsthaft und in Hinblick auf alternative Problemlösungsstrategien hin befragt werden (vgl. Schäfer und Bamberg 2008; Wilke 2002, S. 1). Die Veränderung des Fahrstils wird von den gewerblichen Nutzer/-innen jedoch allein als eine ‚äußere Zumutung' wahrgenommen. Mit dem neuen Fahrstil geht kein Umdenken der eigenen Mobilität einher. Die Nutzer/-innen betrachten die für sie notwendige Änderung nicht als wünschenswert. Es ist davon auszugehen, dass die Nutzer/-innen den Fahrstil nicht dauerhaft geändert haben und auch bei der Nutzung des Elektroautos dies nur solange tun werden, wie die Reichweitenrestriktion gekoppelt mit der langen Ladedauer besteht. Gegenwärtige, aber nur als temporär einzuordnende, Änderungen im Mobilitätsverhalten sind beispielhaft die nachfolgenden: Nutzer/-innen eines Betriebes berichten, dass sie es bei der Nutzung des Elektroautos bevorzugen, zu Terminen früher aufzubrechen, um bei technischen Schwierigkeiten noch adäquat reagieren zu können. Andere Nutzer/-innen optimieren ihre Wegeketten, damit die Reichweite des Elektroautos für alle Aktivitäten ausreicht. Die meisten Nutzer/-innen haben sich zudem angewöhnt, das Elektroauto an der betrieblichen Ladesäule nachzuladen, wann immer sie zu der Arbeitsstelle zurückkehren – es sein denn, die Restkapazität liegt bei deutlich über 90 %.

Keine Ausbildung neuer Mobilitätsroutinen

Änderungen im Mobilitätsverhalten

Zwischenladen als Grundprinzip der Elektromobilität

Prinzipiell gilt, dass Verkehrsmittelwahl, Nutzungshäufigkeit und -dauer im Nutzungszeitraum nicht wesentlich von der gewerblichen Mobilität mit Verbrenner abweichen. Das Elektroauto mit seinen Eigenheiten wird nicht in dem Sinne angeeignet, dass bestehende Mobilitätsroutinen angepasst würden. Die bestehenden Routinen bleiben der Maßstab, an dem sich die Nutzung des Elektroautos messen lassen muss. Lediglich ein einziger Nutzer stellt hierbei eine Ausnahme der: Er hat seine Mobilitätsroutinen den Eigenschaften des Elektroautos angepasst und beabsichtigt, dies auch in Zukunft fortzuführen. Zwischenladen z. B. betrachtet er als Grundprinzip der Elektromobilität, weshalb er oft und auch öffentlich lädt. Die Nutzungshäufigkeit des Automobils wurde aber nicht verringert.

5

Es kann festgehalten werden, dass die gewerblichen Nutzer/-innen im Kontext der aktuellen und der in Aussicht gestellten Elektromobilität lieber auf ein konventionelles Fahrzeug zurückgreifen, als ihre Mobilitätsroutinen zu überdenken und zu ändern. Das Elektroauto wird dann in den beruflichen Alltag integriert, wenn es von den Eigenschaften her optimal passt oder aber der Arbeitgeber darauf besteht. Die Suche von öffentlichen Ladesäulen, Zwischenladen und das Vorausplanen der Ladezyklen sind aus Nutzer/-innensicht nicht mit den bestehenden Routinen kompatibel:

> „Ja, aber was will ich denn da zwischendurch laden? Soll ich dann vier Stunden Nase bohren? […] Und Mobilität ist ein, sage ich mal; so eine Grundversorgung, die wir ja als Selbstverständnis haben. […] Sie setzen sich doch heute wie selbstverständlich in ein Auto und sind ja eher enttäuscht, wenn Sie dann nicht problemlos nach Italien kommen, […] weil irgendein Keilriemen oder sonst was gerissen ist. Das passt doch gar nicht da rein. Und da ist die Elektromobilität aber noch. Das hat nichts damit zu tun, dass da der Keilriemen reißt, um Gottes willen. Aber dieses immer wieder Refreshen […] des Energiespeichers, das ist einfach Käse." (Interview 9)

Lediglich bei einem Pflegedienstleister könnte das Elektroauto aus Sicht der entsprechenden Nutzer/-innen sofort als Erstfahrzeug eingesetzt werden – wenn man vom Anschaffungspreis absieht. Das liegt in diesem Falle daran, dass die hier erforderlichen Reichweiten deutlich unter der von Elektroautos liegen.

Mobilität muss überdacht und neu organisiert werden

Dem Elektroauto schreiben die Nutzer/-innen generell weniger für die Gegenwart als vielmehr für die Zukunft eine wichtige Rolle zu. Mobilität müsse wegen globaler Herausforderungen, insbesondere aufgrund des Klimawandels, zukünftig überdacht und neu organisiert werden. Der Verbrenner könne dem langfristig nicht gerecht werden, da seine technische Funktionsweise auf fossile Rohstoffe angewiesen ist. Gegenwärtige Mobilitätsroutinen werden zwar hinterfragt, aber es wird nicht erwogen, sie zu ändern. Denn so wie es für Unternehmer ein Risiko darstellt, in Innovationen zu investieren, wenn der Markt schwer einschätzbar ist, so ist es für diese Nutzer/-innen ein Risiko, Kapazitäten in die Reorganisation ihrer Mobilitätsroutinen zu investieren, wenn keine alternativen Angebote abzusehen sind. Es besteht keine Handlungssicherheit für Nutzer/-innen, die sich die Mühe machen wollen, beim Umbau einer neuen Mobilitätskultur mitzuwirken. Dies zeigt sich beispielhaft in nachfolgendem Zitat:

Fehlende Handlungssicherheit beim Umbau der Mobilitätskultur

> „Aber es ist kein zuverlässiges Auto. Es ist unausgereift. Es ist keine Technik, die es wert ist, diesen Preis monatlich zu bezahlen, und die einem die Sicherheit raubt, dass man ein Auto besitzt. Weil man eigentlich nie weiß, ob morgen wieder was passiert, und man morgen wieder in die Werkstatt fahren muss." (Interview 13)

Kompromisslose Nutzer/-innen

Die zunehmende Bewusstwerdung des Klimawandels als gesellschaftlich relevantes Problem stellt für die derzeitigen Nutzer/-innen kein persönlich krisenhaftes Ereignis dar, das sie dazu veranlassen würde, ihre eigene Mobilität zu ändern. Für die Nutzer/-innen steht gar nicht zur Diskussion, ihr individuelles Verkehrsverhalten und die spezifischen Anforderungen, die sie selbst an

Verkehrsmittel stellen, zu hinterfragen. Das Fortbewegungsmittel soll mit ihrer Lebensweise kompatibel sein, nicht jedoch die Lebensweise der Nutzer/-innen dem Fortbewegungsmittel angepasst werden. In der Pflicht für eine umweltfreundliche Mobilität sehen sie andere – in erster Linie den Staat, der die Rahmenbedingungen planen muss. Mobilität soll flexibel, unkompliziert und grenzenlos möglich sein. Diesbezüglich zeigen sich die Nutzer/-innen bei der Aneignung des Elektroautos in ihren Alltag nur wenig kompromissbereit. Mobilität bedeutet für sie, potenziell jederzeit mobil sein zu können – und die Elektroautos können das ohne die Einbindung in integrierte Verkehrskonzepte (noch) nicht bieten.

Fazit

Spannungsfeld zwischen Zukunft, Gegenwart und Potenzialität

Abschließend lässt sich für die gewerblichen Nutzer/-innen und den aktuellen Stand der Elektromobilität ein spezifisches Spannungsfeld konstatieren, das die Dimensionen Zukunft, Gegenwart und Potenzialität umfasst: Die gewerblichen Nutzer/-innen machen verstärkt auf die gesamtgesellschaftliche Bedeutung des Elektroautos für die globale Zukunft aufmerksam. Ihre Rolle als Pioniere betrachten sie als bedeutsam, denn nur durch (experimentelle) Anwendung könne die Elektromobilität zukunftsfähig gemacht werden. Doch auch in der Gegenwart müsse das Elektroauto den betrieblichen Erfordernissen und den Mobilitätsroutinen gerecht werden. Trotz des positiven Erlebens der Elektromobilität, des Enthusiasmus hinsichtlich der eigenen Pionierrolle und trotz der gezeigten Einsatztauglichkeit der Elektrofahrzeuge, stehen die gewerblichen Nutzer/-innen einem gegenwärtigen Gebrauch kritisch gegenüber. Mobilitätsroutinen werden für die Zukunft vage, für die Gegenwart gar nicht infrage gestellt. Die ambivalenten Erfahrungen mit dieser Innovation in der Gegenwart und die hohen Erwartungen an die Elektromobilität als Wegbereiter einer neuen Mobilitätskultur in näherer Zukunft werden geprägt von individuellen wie gewerblichen Anforderungen. Mobilität soll jetzt und auch in Zukunft möglichst grenzenlos und selbstverständlich gewährleistet sein. Dabei sollen das Elektroauto und dessen Nutzung es zwar erlauben, künftige Mobilität gänzlich anders zu gestalten, zugleich aber wollen die Nutzer/-innen möglichst wenig in ihren

Routinen und Bewegungsmöglichkeiten eingeschränkt werden. Eine zu geringe Reichweite oder zu wenige Sitzplätze sind entscheidende Hürden für die allgemeine Akzeptanz (◘ Abb. 5.5).

Innovativ soll das Elektroauto sein – und doch nicht zu viel auf der individuellen Ebene verändern, das nur auf eine aufwendige Veränderung der gewohnten Verhaltensweisen hinausläuft. So führte die konstatierte Bedientauglichkeit (Usability) bisher nicht zu einer vollständigen Integration des Elektroautos in den gewerblichen Alltag. Vielmehr diskutieren noch immer Nutzer/-innen wie auch Expert/-innen über die Minimierung der Nutzungshemmnisse sowie über Chancen von inter- und multimodalen, elektromobilen Verkehrskonzepten. Dies wiederum tun sie weder gemeinsam noch eingebunden in wissenschaftliche Forschungen über die gestalterische Kraft von Elektrofahrzeugen in verkehrsminimierenden Mobilitätskonzepten.

Abb. 5.5 (Quelle: Stock)

Fehlende Kommunikation und Kooperation zwischen Nutzer/-innen und Expert/-innen

Probleme bei Aneignung und Diffusion

Die Untersuchung von Pionieren ermöglichte es, die Chancen der Elektromobilität in den Blick zu bekommen. Durch die Differenzierung in die Substitutions- und die Innovationsperspektive ergibt sich nun die Möglichkeit, nicht nur die Grenzen der gegenwärtigen Nutzung, sondern auch die Potenziale der zukünftigen Nutzung zu erfassen. Es hat sich gezeigt, dass die Mehrheit der gewerblichen Nutzer/-innen keineswegs idealisierte, zu allen Kompromissen bereite Anwender/-innen darstellen. Vielmehr begegnen sie dem Elektroauto und dessen Nutzung durchaus kritisch. Nicht die Innovationsperspektive, sondern die Substitutionsperspektive und damit die gegenwärtige Alltagstauglichkeit gemessen am Verbrenner stehen im Vordergrund. Die Untersuchung der Nutzungserfahrungen der gewerblichen Nutzer/-innen hat gezeigt, mit welchen Problemen sich diese beim Gebrauch konfrontiert sehen und wie sie mit diesen umgehen (Aneignung). Dabei müssen die identifizierten Probleme auch bei künftigen Nutzer/-innenkreisen berücksichtigt werden, wenn das Elektroauto sich in der Breite durchsetzen soll (Diffusion). In einem direkten Vergleich ist das Elektroauto dem Verbrenner nicht überlegen, sofern letzterer den Sollzustand definiert.

Die Innovationspotenziale zeigen aber auch, dass das Elektroauto eine andere Produktidentität bekommen kann, da es interpretativ flexibel ist. Es stellt eine Innovation für Umwelt und Lebensqualität mit dem spezifischen Merkmal der Geräuschlosigkeit und einer besonderen Fahrfreude dar und in Hinblick auf diese Eigenschaften – und denkbarer weiterer – kann das Elektroauto durchaus konkurrenzfähig werden (vgl. Keichel in diesem Band).

Das Elektroauto kann verschieden interpretiert werden

Die künftigen Konsequenzen der Neuerung Elektroauto sind nach wie vor nicht vollends abzusehen, doch deutet sich an, dass dessen Nutzung sowohl das Potenzial zu tiefgreifenden Änderungen der Mobilität besitzt als auch den bisherigen Weg fortschreiben kann. Verkehrspolitische Maßnahmen, die auf eine breite Durchsetzung des Elektroautos abzielen, müssen mit der Frage konfrontiert werden, welche Rolle das Elektroauto für die Verkehrsentwicklung grundsätzlich einnehmen soll: Wird das Elektroauto lediglich den klassischen Verbrenner ersetzen (Substitution) oder aber soll das Elektroauto als ein Baustein im Rahmen neuer Mobilitätskonzepte fungieren, die auf Multi- und Intermodalität setzen und dadurch den motorisierten Individualverkehr zu mindern versuchen (Innovation) (vgl. Schwedes in diesem Band)?[2]

Radikale oder inkrementelle Neuerung ?

Wenn das Elektroauto neue Formen der Mobilität begründen soll, so verlangt dies von den Nutzer/-innen die Ausbildung neuer Mobilitätsroutinen. Wird der Verbrenner hingegen nur durch das Elektroauto ersetzt, können die Nutzer/-innen ihre Routinen weitgehend beibehalten. Letzteres würde aber bedeuten, dass sich bestehende Entwicklungstendenzen fortsetzen, wie etwa ein wachsendes Verkehrsaufkommen und eine Raum- und Infrastrukturplanung, die stark am Auto ausgerichtet ist. Ob das Elektroauto künftig als radikale oder aber als inkrementelle Neuerung (Innovation oder Substitution) wirken kann, hängt nicht zuletzt auch von den Nutzer/-innen selbst ab. Eine differenzierte Analyse der Technikaneignungsprozesse zeigt, dass diese berücksichtigt werden müssen, wenn unerwünschte Konsequenzen (z. B. die Substitution des Verbrennungsmotors) ausbleiben und Chancen wie Grenzen der Elektroautonutzung möglichst umfassend ermittelt werden sollen. Durch ihre aktive Technikaneignung stellen Nutzer/-innen einen ernst zu nehmenden Innovationsfaktor dar. Daher wird sich das Elektroauto solange nicht durchsetzen, wie eine pragmatische Integration der neuen Technik in den Handlungsalltag der Nutzer/-innen ausbleibt.

Ernstzunehmender Innovationsfaktor: Nutzer/-innen

Die Analyse konnte zeigen, dass das Elektroauto bei den gewerblichen Nutzer/-innen (noch) zu keinen wesentlichen Veränderungen bei den Mobilitätsroutinen geführt hat, es aber als Zweitwagen bzw. als Ergänzung in Flotten integrierbar ist. Umweltfreundlichkeit stellt derzeit kein entscheidendes Handlungsmotiv für den Kauf dar.

Die grundsätzliche Innovationsorientierung der Nutzer/-innen weist aber darauf hin, dass das Elektroauto ein bedeutender Bestandteil übergreifender Mobilitätskonzepte werden könnte. Diese wiederum wären ein wichtiger Schritt in Richtung einer neuen Mobilitätskultur.

2 Eine zu der Substitutions- und Innovationsperspektive aus Nutzer/-innensicht analoge Debatte berührt die Frage, ob sich die technologische Entwicklung des Elektroautos an einem „Conversion" oder einem „Purpose Design" orientieren soll. Ob also der Umbau eines schon existierenden Verbrennungsautos erfolgen, oder ein neues, den spezifischen Anforderungen von Elektroautos adäquates Konzept entwickelt werden muss (vgl. Wallentowitz in diesem Band).

„Fokus Batterie"

Zur technischen Entwicklung von Elektroautos

Henning Wallentowitz

Inhaltsverzeichnis

O. Schwedes, M. Keichel (Hrsg.), *Das Elektroauto*, ATZ/MTZ-Fachbuch,
https://doi.org/10.1007/978-3-658-47643-4_6

Einleitung

Das Elektroauto im 20-Jahreszyklus

Die Beschäftigung mit Elektroautos scheint einem Zyklus von etwa 20 Jahren zu unterliegen. Der derzeitigen Bearbeitung von Aufgabenstellungen zur Elektromobilität ist in den 1990er-Jahren eine intensive Entwicklungsphase vorausgegangen (vgl. Schwedes in diesem Band). Das Elektroauto sollte 1998 in den USA verkauft werden. Den Hintergrund bildete eine Gesetzesinitiative des Bundesstaats Kalifornien, der zufolge zwei Prozent der dort verkauften Fahrzeuge Zero-Emission-Fahrzeuge sein sollten. Aber auch schon zuvor sind nach der ersten Energiekrise zu Beginn der 1970er-Jahre sehr ähnliche Fragestellungen bearbeitet worden (vgl. Dreyer 1973; Weh 1974; Braun et al. 1975). Ziel war damals wie heute die Entwicklung eines Stadtautos. Während der Olympiade in München 1972 ist zur Begleitung der Marathon-Läufer sogar ein BMW 1602 als Elektroauto gebaut worden.

Die in den 70er-Jahren gehaltenen Vorträge behandeln, ebenso wie heute, Probleme der Energiespeicherung und der Motorenentwicklung. Die Fahrzeuge selber sollten nur leicht sein. Ihre technische Ausgestaltung hat damals noch keine Rolle gespielt. Die Unterscheidung zwischen umgebauten Verbrennungsmotor-Fahrzeugen und sog. „Purpose Design" Elektrofahrzeugen ist erst in den 90er-Jahren aufgekommen. Dieser Ansatz wurde damals als Durchbruch für das Elektrofahrzeug formuliert. Tatsächlich ist das jedoch aus Kostengründen nicht der Fall gewesen und eine realisierbare Chance hat sich erst bei dem Übergang auf vorhandene, für Verbrennungsmotoren entwickelte Fahrzeugstrukturen ergeben.

Der „Rügen-Versuch"

Erhebliche Fortschritte hat der von 1992 bis 1995 durchgeführte sog. „Rügen-Versuch" ergeben, in dem 60 Elektrofahrzeuge privaten Nutzern zur Verfügung gestellt wurden. Die Nutzer haben dabei 1,3 Mio. km zurückgelegt. Dieser vom Forschungsministerium organisierte Großversuch hat in allen beteiligten Unternehmen die noch zu bearbeitenden Themen offengelegt. Die elektrische Servolenkung hat sich in der Zwischenzeit durchsetzen können, allerdings wird sie vorwiegend für verbrennungsmotorisch angetriebene Fahrzeuge eingesetzt. Die elektrische Klimaanlage kämpft noch immer mit Verbrauchsnachteilen, da sie die Reichweite von Batteriefahrzeugen vermindert. Für Verbrennungsfahrzeuge werden neuerdings Heizungen mit PTC-Elementen (Kaltleiter Widerstand, der beim Anschluss an eine Spannung warm wird) entwickelt, deren Bedeutung speziell für Elektrofahrzeuge mittlerweile erkannt wurde. In modernen Elektrofahrzeugen wird heute versucht, eine insassennahe Klimatisierung zu realisieren, um die Wärmeverluste gering zu halten.

Wenig Fortschritt in der Batterieentwicklung

Vom Rügen-Versuch bis heute, haben sich vor allem die Elektromotoren und deren Regelungen weiterentwickelt. Es gibt auch interessante Getriebevorschläge. Nur wenig weiter gekommen sind die Batterien, die noch weit von den geforderten Leistungsdaten alltagstauglicher Fahrzeuge entfernt sind. Daraus ergeben sich verschiedene Einsatzszenarien für Elektrofahrzeuge, die heute kontrovers diskutiert werden.

Auf einige dieser erreichten und auf noch anzustrebende Fortschritte wird nachfolgend eingegangen, um herauszuarbeiten,

Abb. 6.1 BMW Elektroauto als Conversion Design in den 90er-Jahren. (Quelle: Verfasser und ► 7-forum.com)

wo Handlungsbedarf bezüglich des Gebrauchswerts und der ökologischen Vorteile durch die Elektrotraktion besteht.[1]

Technische Entwicklungen

Die technischen Entwicklungen des Elektrofahrzeugs erstrecken sich auf verschiedene Bereiche, die zunächst unabhängig voneinander sind.

Conversion Design versus Purpose Design

Auch bei der dritten Elektromobilitätswelle der jüngeren Vergangenheit findet die Diskussion statt, wie denn ein Elektrofahrzeug entwickelt werden soll. Nimmt man ein vorhandenes Fahrzeug, dessen Grundentwicklung bereits finanziert wurde und macht daraus ein Elektrofahrzeug, indem Batterie und Antrieb den Kraftstofftank und den Verbrennungsmotor ersetzen, oder beginnt man mit einem weißen Blatt Papier und entwickelt ein Fahrzeug, das ausschließlich für den Elektroantrieb vorgesehen ist?

Die Fahrzeuge des Rügen-Versuchs waren alle noch Conversion-Fahrzeuge, also aus 190er Mercedes, 3er BMW's, VW Golf's und Opel Fahrzeugen hergestellt. Das war aus Kostengründen nicht anders realisierbar. Der 3er BMW hatte Hochtemperaturbatterien im Kofferraum und im früheren Motorraum. Der Elektromotor war an der Hinterachse angebracht (vgl. Abb. 6.1).

Die Hochtemperaturbatterie im Conversion Design

Im Vorderwagen waren Crashelemente verbaut, die die Überlebenschancen der Insassen im Fall eines schweren Unfalls deutlich steigern sollten. Während die Hochtemperaturbatterie (erst Natrium-Schwefel, dann Natrium-Nickelchlorid mit etwa 300 V und 300 °C) für den Vortrieb genutzt wurde, blieb das übrige Bordnetz bei 12 V. Die Fahrzeugbatterie wurde über einen Spannungswandler aus der Hochtemperaturbatterie versorgt. Die Flügelzellenpumpe der Servolenkung wurde durch einen Elektromotor angetrieben, verbrauchte also auch permanent Energie aus dem Stromspeicher.

1 Eine umfassende und lesenswerte Behandlung des Themas, die allerdings einige technische Vereinfachungen enthält, findet sich auch in Michelin Challenge Bibendum 2010.

Abb. 6.2 BMW E1 als Purpose-Design Elektrofahrzeug (**a**) Elektrofahrzeug BMW E1 (**b**) Unique Mobility Synchronmotor 30 kW/30 kg (**c**) Vorderwagen, der als Hybrid einen Motorradmotor aufgenommen hat (**d**) Hochtemperaturbatterie unter dem Rücksitz. (Quelle: BMW Presse und Verfasser)

Dieser BMW war recht hecklastig und die Karosserie wurde im Heckbereich hoch beansprucht. Das hat spezielle Verstärkungen erforderlich gemacht. Insgesamt sind die Kunden des Rügen-Versuches gegen Ende dieser Testphase sehr zufrieden gewesen und sie hätten die Fahrzeuge gern weiter betrieben. Selbst die Kaufbereitschaft war mit 50 % sehr hoch (Schlager 2010).

Zur gleichen Zeit ist bei der BMW-Technik GmbH auch das erste ernst zu nehmende Purpose Design Elektrofahrzeug entwickelt worden (vgl. Abb. 6.2).

Während der Entwicklung des Elektrofahrzeugs hatte sich herausgestellt, dass dieses Auto nicht zu realistischen Kosten erstellt werden konnte. Es fehlte das erforderliche Volumen, obgleich die Fertigungstechnik bereits auf kleine Stückzahlen ausgelegt werden sollte. Als Lösung hat sich der Einbau eines Verbrennungsmotors angeboten. Dazu ist der BMW Motorradmotor als Frontantrieb verwendet worden. Gleichzeitig wurde so ein „Hybrid über die Strasse" geschaffen. Dieses Auto ist 1993 auf der Automobilausstellung in Frankfurt gezeigt worden. Ganz ähnliche Entwicklungen werden heute wiederholt. Der Elektro-Mini als „Converted" und der BMW i3 als „Pupose Designed" Elektroauto mögen dazu Beispiele sein (vgl. Keichel in diesem Band). Damit ist der Wettkampf der Systeme offensichtlich immer noch nicht entschieden. Auch andere Fahrzeughersteller präsentieren dazu Lösungen. Bei Volkswagen sollen zukünftig alle Baureihen elektrifiziert werden. Andere Fahrzeughersteller haben ähnliche Ankündigungen veröffentlicht. Unterstützt werden solche Änderungen durch Zuschüsse an die Fahrzeugkäufer, die sich die Regierung und die Fahrzeughersteller teilen.

Motoren und ihre Anordnungen im Elektrofahrzeug

Gleichstrom- versus Drehstromantrieb

Einen weiteren Diskussionspunkt stellen die Anzahl und die Anordnung der Antriebsmotoren im Elektrofahrzeug dar. Während es bis zum Rügen-Versuch immer klar war, dass der Verbrennungsmotor durch einen Elektromotor ersetzt wird, ist das in der Folgezeit nicht mehr die generelle Meinung. In den 70er-Jahren wurde noch diskutiert, ob der Antrieb durch einen Gleichstrom- oder vielleicht doch besser durch einen Drehstromantrieb erfolgen sollte. Für den Antrieb durch einen Drehstrommotor ist allerdings eine aufwendige Regelung erforderlich. Diese wurde erst durch die Weiterentwicklung von Halbleitern möglich, mit denen der Strom gestellt werden kann. Diese Entwicklungen haben in der Zwischenzeit stattgefunden und an den „alten" Gleichstrommotor im Nebenschluss denkt heute kein Entwickler mehr, auch wenn er kostenmäßig noch immer interessant ist. In den modernen Elektrofahrzeugen werden entweder Asynchron- oder (mit besserem Wirkungsgrad) Synchronmaschinen eingesetzt (vgl. ◘ Abb. 6.3).

„Kostentreiber" Drehmoment

Wegen der elektronischen Steuerung, die bei Asynchron- und Synchronmaschinen etwa gleich komplex ist, sind diese Antriebsmotoren teurer als die einfachen Gleichstrommaschinen mit Kommutatoren. Als wesentlicher Vorteil der Asynchronmotoren wird seit kurzer Zeit die höhere Drehzahlfähigkeit herausgestellt. Die Leistung, die das Produkt aus Drehmoment mal Drehzahl ist, wird dann mit geringerem Moment erreicht. Das Drehmoment eines Motors ist der „Kostentreiber", d. h. Motoren mit hohem Moment sind teurer als solche mit kleinem Moment.

Gegenüber permanenterregten Synchronmotoren, die nur bis zu Drehzahlen von max. 8.000 U/min eingesetzt werden, lassen sich Asynchronmotoren mit über 20.000 U/min betreiben. Damit können solche Motoren kleiner gebaut werden. Es gibt bereits Motoren, die 90 kW leisten und 45 kg schwer sind. Dann ist allerdings ein mehrstufiges Getriebe zu seinem Betrieb erforderlich. Für einen bis 40.000 U/min drehenden Motor hat die Firma NSK aus Japan ein Getriebe entwickelt, das aus Geräuschgründen dem Zahnradgetriebe ein stufenloses Getriebe vorangestellt hat (vgl. ◘ Abb. 6.4 und 6.5). Dieses Getriebe wurde auf der IZB (**I**nternationale **Z**ulieferer-**B**örse Wolfsburg 2012) gezeigt.

a

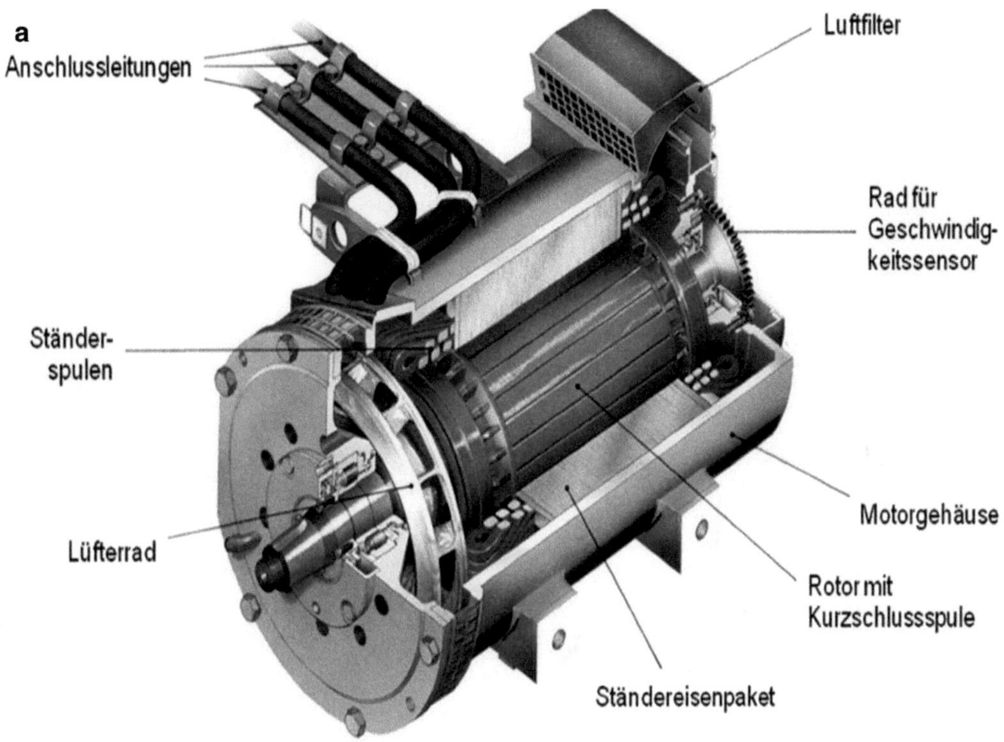

b

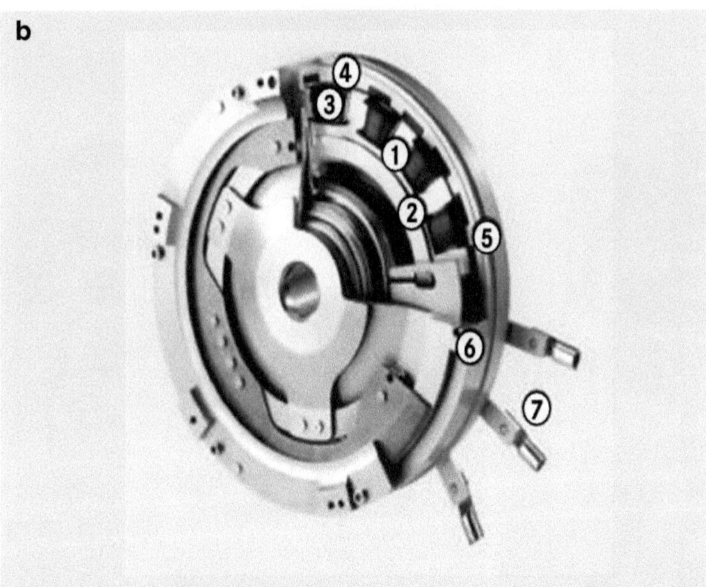

Abb. 6.3 Zusammenstellung der Motorbauarten (**a**) Asynchronmotor (Quelle: Wallentowitz und Freialdenhoven 2011) (**b**) Synchronmotor mit Permanentmagneten 1 Stator 2 Statorrücken 3 Kupferwicklungen 4 Oberflächenmagnete 5 Rotorblechpaket 6 Rotorwelle in Außenläuferbauweise 7 Hochvolt-Steckverbindung. (Quelle: ZF-Sachs)

6

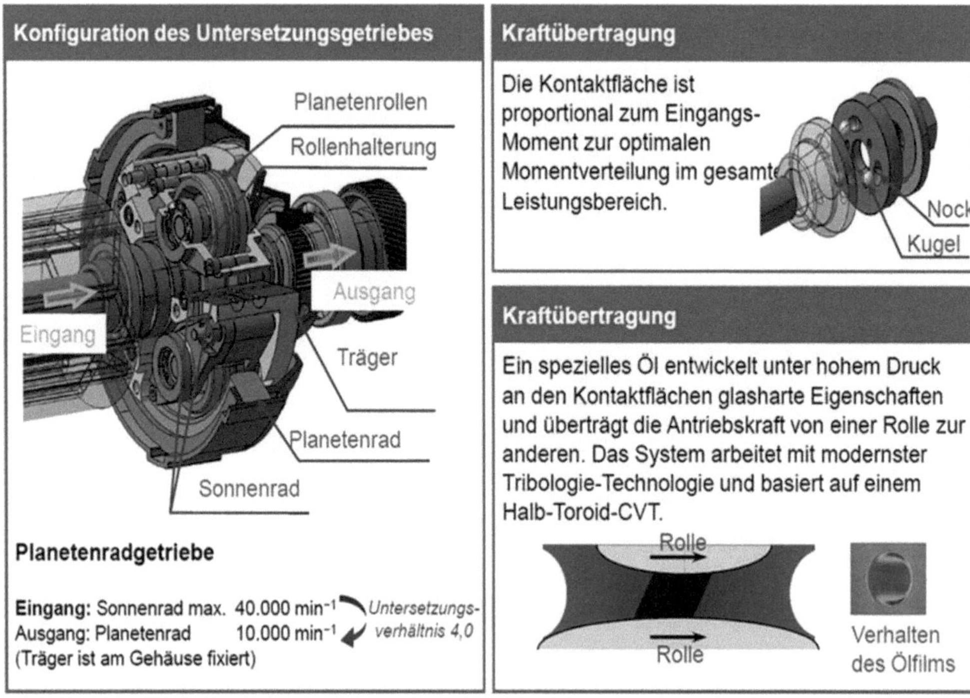

Abb. 6.4 Getriebe für hochdrehende Elektromotoren. (Quelle: NSK IZB 2012 – Elektroantriebssystem)

Abb. 6.5 Ansicht des Untersetzungsgetriebes für hochdrehende Elektromotoren. Getriebe für Elektromotoren mit bis zu 40.000 U/min Eingangsdrehzahl. Vorteile: kleine Bauweise, hoher Wirkungsgrad und geringe Geräusche. (Quelle: Verfasser und NSK IZB 2012 – Elektroantriebssystem)

Die Anordnungen der Motoren

Bezüglich der Anordnungen der Motoren im Elektrofahrzeug gibt es derzeit zahlreiche Ansätze. Sie lassen sich gliedern in:

1. Zentralmotoren
2. radnahe Motoren und
3. Radnabenmotoren.

Die Zentralmotoren wirken auf die Vorder- oder Hinterachse, wie zuvor der Verbrennungsmotor. Bei den radnahen Motoren werden stets zumindest zwei getrennte Motoren verwendet, um die Vorteile des sog. „Torque Vectoring" verwenden zu können. Das bedeutet, die Antriebs- und Bremskräfte können an den einzelnen Rädern individuell zur Wirkung gebracht werden. Dazu sind allerdings Antriebswellen erforderlich, die zudem einer hohen Belastung unterworfen sind. Eine interessante Lösung ist von der Firma ZF Friedrichshafen AG vorgeschlagen worden, bei der die Motoren in den Längslenkern einer Verbundlenkerachse untergebracht sind (vgl. ◘ Abb. 6.6).

Den höchsten Grad der Technisierung erreicht man mit Radnabenmotoren. Dann wird der Elektromotor direkt am Rad angebracht, er erhöht also unmittelbar die sog. „ungefederte Masse". Auch hier gibt es neue Lösungen, wie z. B. den Vorschlag von NSK aus Japan, zwei Elektromotoren über ein Getriebe zusammenzufassen, um dadurch eine stufenlose Übersetzung zu erreichen (vgl. ◘ Abb. 6.7). Ein anderer Radnabenmotor wurde schon vor mehreren Jahren von der Firma Michelin vorgeschlagen. Hier wurde der Radnabenmotor zusätzlich mit der Federung des Fahrzeuges kombiniert. Diese Lösung ist allerdings bisher nicht in Serie realisiert worden, da die Materialausnutzung des Motors als sehr hoch bewertet wird.

Das in ◘ Abb. 6.8 gezeigte System mit dem hochdrehenden Elektromotor und dem aus Rollen bestehenden Untersetzungsgetriebe wurde auf dem International Automotive Congress 2019 in Shanghai gezeigt. Die Fa. NSK verfolgt dieses Konzept schon eine ganze Weile. Die bisher ermittelten

◘ **Abb. 6.6** Verbundlenkerachse mit radnahen Elektromotoren (Vorschlag ZF). (Quelle: Verfasser)

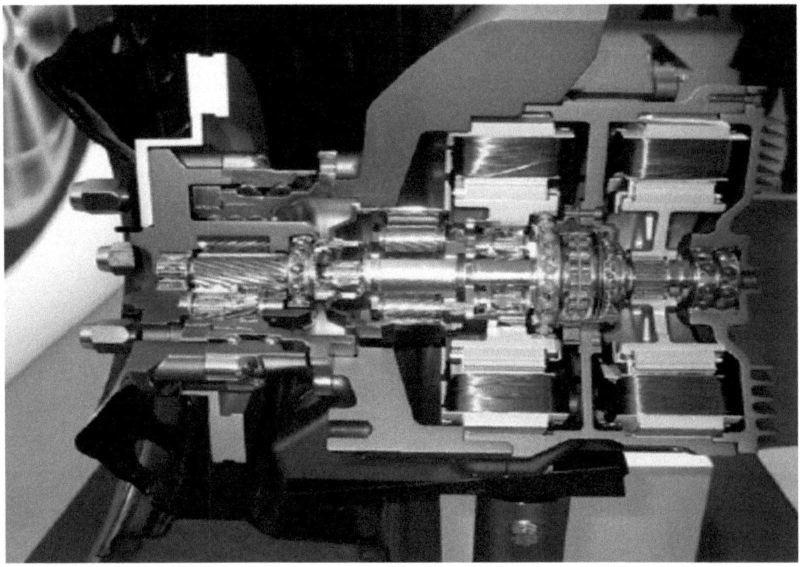

Abb. 6.7 Radnabenmotoren für Elektrofahrzeuge NSK – Radnabenmotor für einen stufenlosen Antrieb. (Quelle: Verfasser)

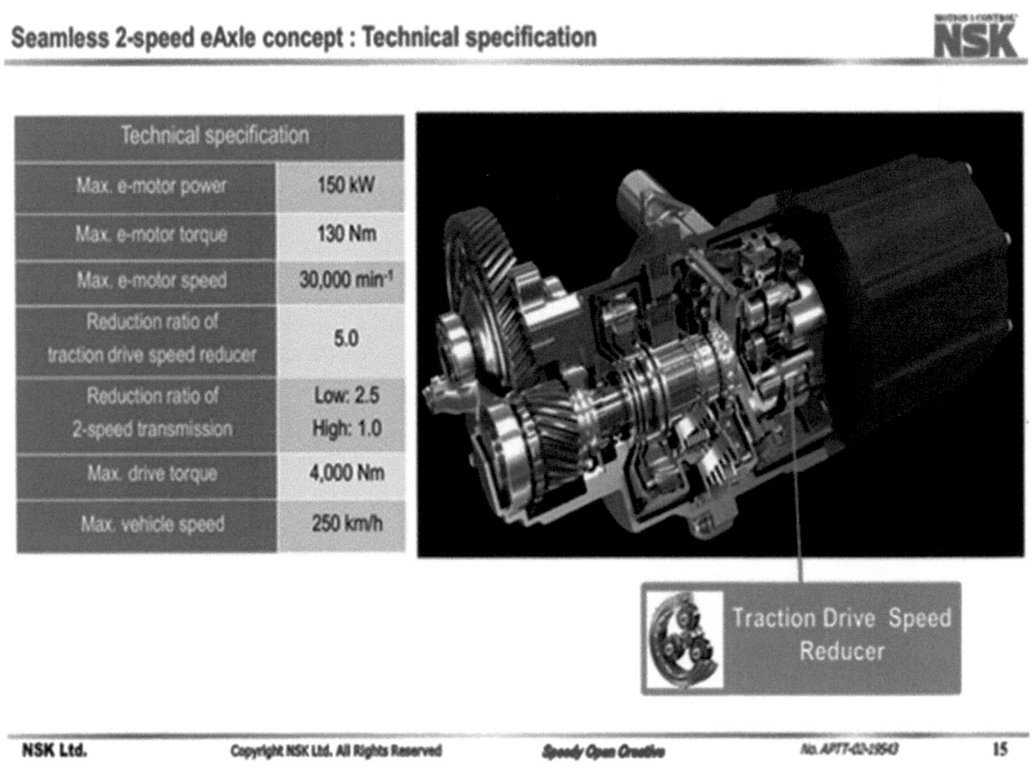

Abb. 6.8 Hochdrehender Elektromotor mit zahnradfreiem Drehzahlwandler. (Quelle: International Automotive Congress 2019, Vogel Media, Shanghai)

Wirkungsgrade von über 97 % lassen einen Einsatz in der Praxis als realistisch erscheinen, denn die Einsparungen bei den hochdrehenden Elektromotoren (weniger Kupfer wegen der kleineren Momente) dürften die Mehrkosten des Drehzahlwandlers kompensieren.

Insgesamt verdeutlicht der Stand der Technik, dass in den vergangenen Jahren erhebliche Fortschritte auf dem Gebiet der Elektrotraktion erreicht worden sind. Während der aus den USA stammende Unique-Mobility Elektromotor mit Permanentmagneten im BMW E1 (vgl. ◘ Abb. 6.2) noch zu den Exoten gehört hat und der Ford Hybrid von 1993 mit einem Siemens Asynchronmotor ausgerüstet worden ist (vgl. Buschhaus 1994), haben die heutigen Elektrofahrzeuge, seien sie „Conversion Design" oder auch „Purpose Design", zumindest einen solchen Synchronmotor.

Entwicklungsstände der Batterien

Primär- versus Sekundärbatterien

Als Energiespeicher für Elektrofahrzeuge kommen nach heutigem Verständnis nur wiederaufladbare Akkumulatoren infrage. Die Versuche mit sog. Primärbatterien, das waren wieder aufzuarbeitende Zink-Luft Batterien, die nur als Wechselsysteme funktionieren, sind vor 20 Jahren bei der Deutschen Post nicht erfolgreich gewesen. Für definierte Fahrstrecken waren diese Batterien allerdings durchaus vielversprechend. Das ist wohl auch der Grund, dass sie heute von Entwicklern der TU München wieder berücksichtigt werden. Es ist allerdings nicht erkennbar, dass die Probleme von damals heute als gelöst angesehen werden können. Die Batteriewechseltechnik hat sich bis heute nicht wirklich etablieren können (vgl. Paluska 2008). Hinzu kommt, dass bei diesen sog. „Primärbatterien" dezentrale Aufarbeitungsstationen errichtet werden müssen, damit die Transportwege zur Wiederaufbereitung nicht zu lang werden.

Die wieder aufladbaren Batterien (sog. Sekundärbatterien), lassen sich im Ragone-Diagramm übersichtlich strukturiert darstellen. Dabei gibt die spezifische Leistung (Leistungsdichte) in W/kg an, welche Leistung zumindest kurzfristig der Batterie entnommen werden kann. Das ist für die Beschleunigungsfähigkeit des Autos wichtig. Die spezifische Energie (Energiedichte) in Wh/kg ist ein Maß für die erzielbare Reichweite (vgl. ◘ Abb. 6.9).

In den vergangenen Jahren hat sich die Wirkbreite der Li-Ionen High Energy Akkumulatoren deutlich erweitert. Das hängt auch von der Gestaltung dieser Akkumulatoren ab. Die Bauweise der Zellen als Pouch-Zelle, prismatische Zelle oder zylindrische Zelle spielen dabei eine Rolle. Für die Zukunft werden hier deutliche Änderungen erwartet, wie ◘ Abb. 6.10 zusammenfasst.

Der aktuelle Stand der Energiedichten in Abhängigkeit der Zellenform kann für die aktuellen Fahrzeuge berechnet werden (◘ Abb. 6.11).

Aus dieser Aufstellung wird deutlich, dass in der Bauweise der Zellen noch erhebliches Potenzial zur Steigerung der Energiedichte zu erwarten ist.

Die Unzulänglichkeit dieser Speicher wird in vollem Umfang deutlich, wenn die Daten der flüssigen Kraftstoffe in diese Betrachtungen einbezogen werden. Dazu werden in ◘ Abb. 6.12 die technischen Daten der Energiespeicher noch einmal zahlenmäßig zusammengefasst.

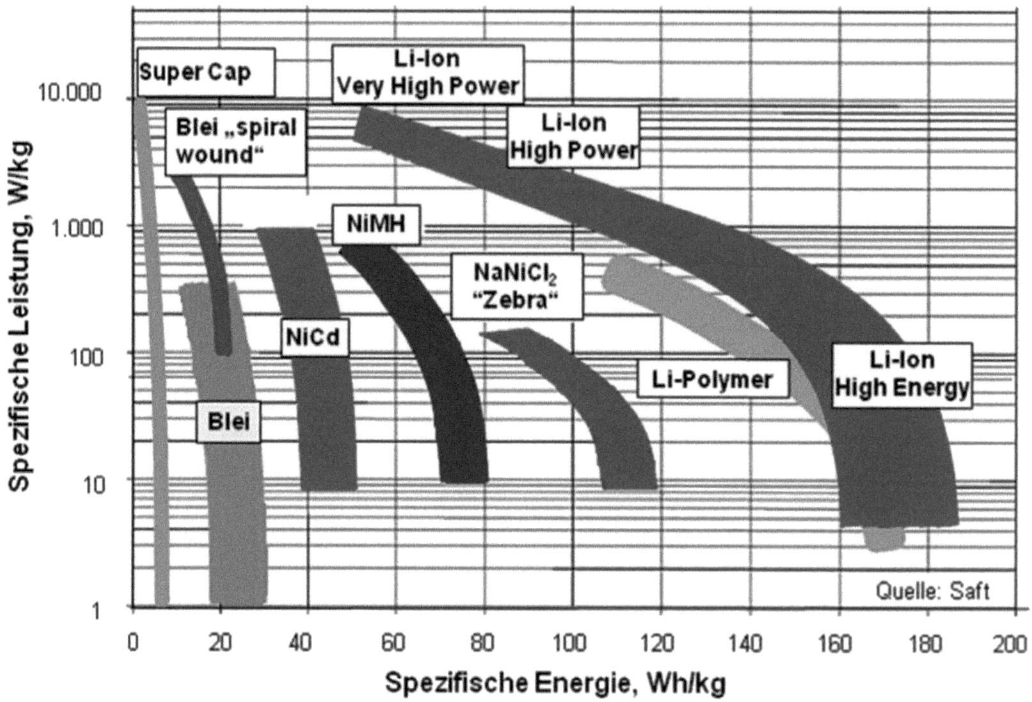

Abb. 6.9 Energie- und Leistungsdichte von Energiespeichern (Sekundärbatterien). (Quelle: Saft Frankreich, 2007 und div. Einzelquellen)

Abb. 6.10 Formabhängige erwartete Energiedichten auf Modulebene. (Quelle: Fraunhofer Institut für System- und Innovationsforschung 2020)

Volumetrische Energiedichte auf Modulebene [Wh/l]

	2020	2025	2030
Pouch (max)	280	425	675
Prismatic (max)	430	550	640
Cylindrical (max)	390	475	573

Gravimetrische Energiedichte auf Modulebene [Wh/kg]

	2020	2025	2030
Pouch	175	225	255
Prismatic (max)	160	210	265
Cylindrical (max)	250	270	285

Zwischen den Energiedichten von z. B. Li-Ionen-Zellen und Benzin liegt der Faktor von zumindest 60. Selbst wenn der bessere Wirkungsgrad für die Energieumsetzung im Elektromotor verglichen mit dem Verbrennungsmotor in Betracht gezogen wird, bleibt noch immer ein Faktor von 20 zugunsten des Benzins (oder eines anderen flüssigen Energieträgers, wie z. B. Alkohol).

Abb. 6.11 Für bestehende Fahrzeuge berechnete Energiedichten in Abhängigkeit der Zellform. (Quelle: Fraunhofer Institut für System- und Innovationsforschung 2020)

Gravimetrische Energiedichten auf Systemebene [Wh/kg]			
MB EQC	2019	123	Pouch
Audi etron	2019	136	Prismatic
Jaguar i-Pace	2018	149	Pouch
Renault Zoe	2017	135	Pouch
Tesla Model 3	2017	168	Cyl
VW eGolf	2017	113	Prismatic
Tesla Model X 75D	2015	142	Cyl

SpeieherSystem	Energieträger	Energiedichte Wh/kg	Energiedichte Wh/l	Leistungsdichte	Lebensdauer/Zyklenfestigkeit	Selbstentladung
Kondensator	Kondensator	4	5	0	+/++	--
Sekundärzellen	NaNiCI	100		-	+/+	-
	Pb-Pb02	20-40	50-100	+	0/0	+
	Ni-Cd	40-60	100-150	+	++/++	-
	Ni-MH	60-90	150-250	+	++/++	--(++)
	Ag-Zn	80-120	150-250	++	-/-	++
	Li-Ion	100-200	150-500	+	+/+	+
Kraftstoff	Benzin	12700	8800	++		++
	Diesel	11600	9700	++		++

Abb. 6.12 Speichersysteme im Überblick, ++ sehr gut, + gut, o durchschnittlich, – schlecht, –– sehr schlecht. (Quelle: Praas 2008)

Steigerung der Leistungsdichte

Für die Zukunft bleibt hier also ein erhebliches Maß an Arbeit zu leisten, wenn es denn physikalisch überhaupt möglich wird, die notwendigen Leistungsdichten zu erreichen. Es gibt die Vision, 500 Wh/kg Energiedichte zu erreichen. Für die Li-Ionen-Technologie wird dieser Wert heute aber als nicht erreichbar angesehen. Aus diesen Ergebnissen folgt, dass für mögliche Batteriealternativen in erheblichem Umfang Grundlagenforschung und anwendungsnahe Entwicklungen nötig sind. Nur bei optimierten Reichweiten wird die Nutzerakzeptanz signifikant erhöht werden können (vgl. Ahrend/Stock in diesem Band).

Einen sehr guten Überblick zu den Energiespeichern liefert auch die Energiespeicher-Roadmap des Fraunhofer-Instituts für System- und Innovationsforschung (2017).

Herausforderung Brandgefahr

Zusätzlich bestehen bei den heutigen Batteriesystemen allerdings auch noch Sicherheitsprobleme. Die „Verpackung" der Batteriezellen stellt noch große Herausforderungen an die Systementwickler. Dabei geht es sowohl um die Eigensicherheit der Zellen, dass sie sich also nicht von selbst entzünden, als auch um die Brandvermeidung beim Crashfall. In der Praxis entstandene Fahrzeugbrände weisen auf diese Notwendigkeit hin. In Laborversuchen im Institut für Kraftfahrzeuge der RWTH Aachen hat sich die Brandgefahr bei definierten Beschädigungen der Batterien bestätigt.

6

Bei Versuchen der DEKRA hat sich bei Vergleichen mit Benzinbränden herausgestellt, dass zum Löschen der Batterien deutlich mehr Wasser benötigt wird als zum Löschen eines Benzintanks (vgl. Dekra 2012). Nur mit Zusätzen zum Wasser werden Gele gebildet, die den Brand der Batterie leichter zum Erlöschen bringen. Aus den Arbeiten zu Beginn der 90er-Jahre ist allerdings schon bekannt, dass die Feuerwehr nur Wasser zur Verfügung hat. Damit bleiben Batteriebrände, zumal sie giftige Gase bilden, weiterhin gefährlich. Eine ernsthaft diskutierte Alternative zur Löschung von Bränden von Elektrofahrzeugen ist deren Einbringung in Mulden von Baufahrzeugen, die mit Wasser gefüllt sind. Damit soll auch die Batterie gekühlt werden.

Eine weitere, noch nicht industriell gelöste Frage ist die Brandsicherheit von 48 V Hybriden. Ab 20 V ist bei Kurzschlüssen mit Lichtbögen zu rechnen. Die üblichen Schmelzsicherungen können nicht erkennen, ob es sich um eine Last oder um einen Fehler handelt. Gelöst werden kann das Problem durch eine Überwachung der 48 V-Kabel auf Ionisation. Dazu müssen zwei weitere Drähte im Kabel verbaut werden, die die Ionisation erkennen können (Herges 2015). Bei Hochvoltsystemen existiert dieses Problem nicht in gleichem Maße.

100 Jahre Batterietechnologie ohne Durchbruch

Zur Vermeidung oder zumindest Verminderung der Brandgefahr werden von der Fa. Henkel seit 2006 technische Schäume angeboten (Henkel Tangit), die in den Batteriekästen mit verbaut werden können. Diese Schäume werden allerdings noch nicht eingesetzt. Als letzter Stand der Technik sind prismatische Batteriebehälter bekannt geworden, die sich bei einem Unfall ineinander schieben (vgl. Ginsberg 2011). Insgesamt ist also festzustellen, dass die Batterietechnologie das größte Hemmnis bei der Realisierung von Elektrofahrzeugen darstellt. Das ist bereits seit über 100 Jahren so. Derzeit gewinnt die Elektrotraktion vor allem bei Zweiradfahrzeugen Zustimmung. Hier sind die durchschnittlich zurückgelegten Entfernungen geringer. Schließlich können die Elektrofahrräder in den öffentlichen Verkehr integriert werden und als ein Verkehrsmittel unter anderen ein multimodales Verkehrsverhalten unterstützen.

Gebrauchswerte von Fahrzeugen mit Elektroantrieb

Betrachtet man die heute bereits eingesetzten Elektrofahrzeuge, dann wird schnell deutlich, wo die Kundschaft die Gebrauchswerte sieht. Die wesentlichen derzeit bekannten Elektrofahrzeuge sind in ◘ Tab. 6.1 aufgeführt.

Diese Zusammenstellung macht deutlich, dass die Fahrzeuge mit „normalem“ Gebrauchswert, also denen unter 1. genannten, auf eine Reichweite von möglichst 500 km mit einer Batterieladung abzielen. Die kleineren Fahrzeuge sind nur für den Nahverkehr gedacht, sie sind damit wohl eher als Zweit- oder Drittfahrzeug anzusehen. In den vergangenen Jahren ist allerdings auch deren Motorleistung deutlich gesteigert worden. Die Reichweiten hängen stark von der Jahreszeit, den eingeschalteten Zusatzaggregaten und vor allem vom Umgang mit dem Gaspedal ab.

Tab. 6.1 Datenzusammenstellung aus dem Internet. (Quelle: Recherchen des Verfassers)

1. Im Raumangebot vollwertige Fahrzeuge							
Modell	Sitze	Reichweite km	v_{max} km/h	Kurzzeit-Spitzenleist. kW	Beschl. auf 100 km/h s	Nennkapaz. der Batterie kWh	Jährl. Prod. (Jahr)
Nissan Leaf	5.	285/378 (NEF.)	144.	110.	7,9.	40.	69873 (2019)
Nissan Leaf e+	5.	385 (WLTP)	157.	160.	6,9.	62.	
Audi e-tron Quattro 55	5.	411 (WLTP)	200.	300.	5,7.	95.	26400 (2019)
Audi e-tron Quattro 50	5.	336.	190.	230.	7,0.	71.	
VW ID-3	5.	420 (WLTP)	160.	110.	8.	58.	?
VW e-Golf	5.	231 (WLTP)	150.	100.	9,6.	38,5.	36016 (2019)
BMW i3/i3S	4.	359.	150.	125.	7,2.	28.	41837 (2019)
Mercedes EQC 400 4MATIC	5.	450.	180.	300.	5,1.	80.	?
Renault ZOE (R 110) u. a.	5.	316.	135.	80.	13,5.	41.	46839 (2019)
Tesla Model 3	5.	409.	225.	190.	5,1.	62.	?
Standard Range Plus							
Peugeot Ion	4.	94 (ADAC)	130.	49.	15,9.	16.	?
BYD e5 (China)	5.	370 ?/ China Cycle 450	130.	160.	?	61.	29311 (2019)

(Fortsetzung)

Tab. 6.1 (Fortsetzung)

1. Im Raumangebot vollwertige Fahrzeuge							
Chevrolet Bolt	5.	520 (NEFZ)	145.	150.	7,3.	60.	24240 (2019)
Opel Ampera e	5.	383 (EPA)	145.	150.	7,3.	60.	
Hyundai Ionic elec. BEV	5.	311 (WLTP)	165.	98,6.	9,9.	38,3.	18804 (2019)

2. Im Raumangebot kleinere Fahrzeuge (manchmal auch nur 2-Sitzer)							
Modell	Sitze	Reichweite km	v_{max} km/h	Kurzzeit-Spitzenleist. kW	Beschl. auf 100 km/h s	Nennkapaz. der Batterie kWh	Jährl. Prod. (Jahr)
Smart EQ Fortwo	2.	160 (NEFZ) 92 (EPA)	130.	60.	11,8.	17,6.	ca. 12015
Renault Twizy	1 od. 2	80 (NEFZ)	80.	13.	-	8.	?
Renault ZOE Z.E. 50	5.	395 (WLTP)	135.	80.	11,4.	52.	?
BAIC Arc-Fox-1 VW up	2.	200.	110.	48.	?	-	ab 2020
Skoda Ci-tigo - E iV Seat Mii Electric	4.	260.	130.	60.	12,5.	32,3.	ab 2019/2020
Peugeot e-208	4.	340.	150.	100.	8,1.	50.	?
Honda e.	4.	200 (WLTP)	145.	100.	?	35,5.	ab 2020

3. Hybridfahrzeuge						
Modell	Sitze	Reichw. el. km	v_{max} km/h	Kurzzeit-Spitzenleist. kW	Beschl. auf 100 km/h s	Nennkapaz. der Batterie kWh
Toyota Prius PHEV	5.	50 (NEFZ)	135 elektr.	53+23 elektr.	11,1.	8,8.
Mercedes E-Klasse PHEV	5.	54.	130 elektr.	90 elektr.	5,7.	13.5.
Volkswagen Passat GTE	5.	66.	130 elektr.	85 elektr.	7,6.	13.

Tab. 6.1 (Fortsetzung)

3. Hybridfahrzeuge						
BMW (F30) 330 iPerf.	5.	30.	120 elektr.	65 elektr.	6,1	7,7.
Volkswagen Tiguan L	5.	32.	120 elektr.	85 elektr.	?	12,1.
Volkswagen Golf GTE	5.	60.	130 elektr.	85 elektr.	7,6.	13.
Renault Captur	5.	45.	135 elektr.	53 elektr.	10,6.	9,8.
Hyundai Ioniq HEV	5.	3-5.	120 elektr.	32 elektr.	10,8.	1,6.
4. Brennstoffzellenfzg.						
Modell	Sitze	Reichw. el. H2/ Akku km	v_{max} km/h	Kurzzeit-Spitzenleist. kW	Beschl. auf 100 km/h s	Nennkapaz. der Batterie kWh
Honda Clarity FCEV	5.	650/589 (EPA)	165.	130.	9,0.	1,7/5kg H2
Toyota Mirai FCEV	5.	480 (ADAC).	178.	114.	9,6.	1,6/5 kg H2
Hyundai ix35 FCEV	5.	594/140	160.	100.	12,5.	24 /5,64 kg H2
Hyundai Nexo FCEV	5.	666/540 (ADA)	177.	120.	9,2.	1,6 /6,33 kg H2
Mercedes GLC FCEV	5.	430/51	160.	155.	?	13,8 /4,4 kg H2

Vom Elektro- zum Hybridfahrzeug

Um diesen Nachteil der Begrenztheit auszugleichen, also bei der Reichweite von der Batteriekapazität unabhängig zu sein, werden Hybridfahrzeuge angeboten, die vor allem in der Mittel- und Oberklasse angesiedelt sind. Diese Fahrzeuge machen aktuell den Großteil der alternativ angetriebenen Autos aus. Vorteilhaft ist bei den Hybriden zudem, dass die teuren Batterien dann kleiner ausfallen können, da die elektrische Reichweite noch weiter eingeschränkt werden kann. Damit sinken auch die Mehrkosten für solche Hybridfahrzeuge. Die Unterscheidung in „Purpose Design“ oder „Conversion Design“ erledigt sich bei den Hybridfahrzeugen ohnehin, da beide Antriebsarten in einem Fahrzeug untergebracht werden müssen. Allerdings sind sowohl der Toyota Prius als auch der Opel Ampera speziell entwickelte Hybridfahrzeuge. Die Unterbringung der Batterien war

6

damit einfacher zu realisieren. Der „Return on Invest“ dauert bei diesen Fahrzeugen infolge der geringen produzierten Stückzahlen allerdings länger. Deshalb erscheinen die Mercedes- und BMW-Hybridlösungen, die auf den konventionellen verbrennungsmotorisch angetriebenen Fahrzeugen aufsetzen, wirtschaftlicher zu sein. Außerdem haben diese Fahrzeuge den vollen Gebrauchsnutzen, den die Kundschaft bisher gewöhnt ist. Ob sie wirklich wirtschaftliche und ökologische Lösungen für alternative Antriebe darstellen, wird im folgenden Abschnitt diskutiert.

Zuvor sei noch auf die vierte Kategorie in ◘ Tab. 6.1, die Brennstoffzellenfahrzeuge, eingegangen. Wie schon nach den Rügen-Versuchen, sucht die Industrie noch immer nach vollwertigen Fahrzeugen, die den Zero-Emission-Anforderungen gerecht werden können. Nach dem Rügen-Versuch wurden bei der Daimler AG verschiedene Brennstoffzellen-Fahrzeuge (NECAR 1 von 1994 bis NECAR 5 in 2000) aufgebaut und ausführlich erprobt. Dabei wurde sowohl Wasserstoff als auch Methanol als Kraftstoff eingesetzt. Der Druck im Wasserstofftank wird mit 700 bar angegeben. Die Fertigung des in der ◘ Tab. 6.1 genannte Mercedes GLC FCEV wird allerdings im Jahre 2020 wieder eingestellt.

Andere Anwendungen für die Brennstoffzelle werden in Nutzfahrzeugen und bei der Eisenbahn (Cuxhaven-Bremerhaven) verfolgt. Problematisch dürfte auch die Versorgung mit Wasserstoff sein, wenn an eine generelle Nutzung der Brennstoffzellen in Personenwagen gedacht wird.

Massenvergleich der Antriebssysteme

In diesem Abschnitt sei der Einfluss der Masse des Antriebs auf ein Fahrzeug abgeschätzt, da er einmal die Nutzlast eines Fahrzeuges verringert, darüber hinaus aber auch Hinweise gibt, wie eine Optimierung zwischen einem batterieelektrisch angetriebenen Fahrzeug in Bezug auf ein rein verbrennungsmotorisch angetriebenes Fahrzeug aussehen kann, wenn dazwischen Hybridantriebe angeordnet werden. Für diese Abschätzung werden die Ergebnisse einer Untersuchung wiedergegeben, deren prinzipielle Aussagen nach wie vor gelten (vgl. ◘ Abb. 6.13).

Die Masse eines hybriden Antriebes setzt sich aus den Einzelmassen des Speichers m_{SP}, des Generators m_{Gen}, des Fahrmotors m_{FM} und des Verbrennungsmotors m_{VM} (einschließlich des Schaltgetriebes) zusammen. ◘ Abb. 6.13 soll prinzipiell den Einfluss der Speichermasse zeigen, wenn die Kriterien Reichweite des Fahrzeuges und erforderliche Fahrleistungen gegeneinander abgewogen werden. Dabei beschreibt die senkrechte Achse die Verhältnisse für ein rein batteriegetriebenes Fahrzeug. Auf der rechten Seite des Diagramms sind die Verhältnisse für ein rein verbrennungsmotorisch betriebenes Fahrzeug dargestellt. Die für ein spezielles Fahrzeug erforderliche Batteriemasse ergibt sich aus den geforderten Fahrleistungen (z. B. einem Fahrzyklus), den Fahrzeugdaten und den Leistungskennwerten der Batterie sowie den vorhandenen Wirkungsgraden. **Punkt**

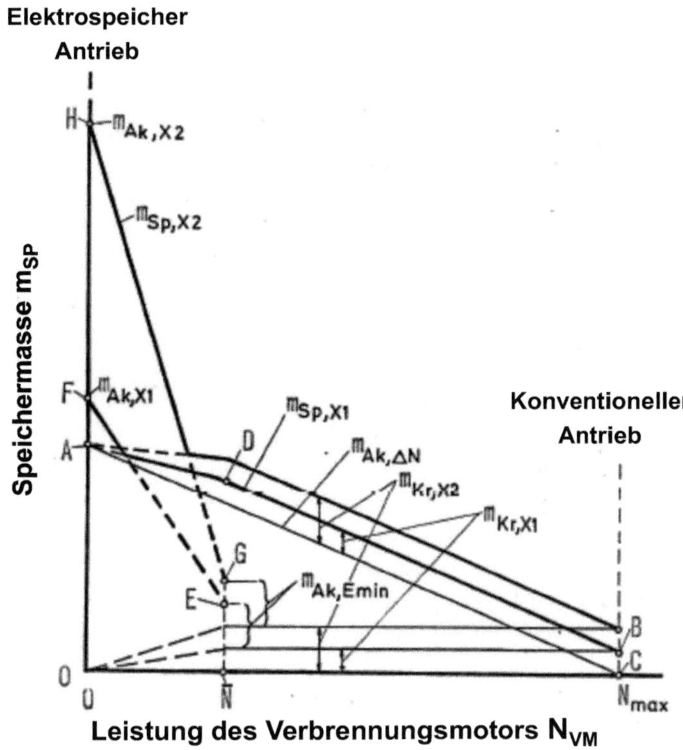

Abb. 6.13 Prinzipskizze zur Ermittlung der Speichermasse mSP für ein hybrides Antriebssystem unter Berücksichtigung der Reichweite und der maximal erforderlichen Fahrleistung. (Quelle: Dreyer 1973)

A in Abb. 6.13 sei das Ergebnis einer solchen Abschätzung. Mit dieser Speichermasse ist dann auch die Reichweite des Fahrzeuges festgelegt. Das konventionell angetriebene Auto braucht für eine Reichweite X1 lediglich die dazu notwendige Kraftstoffmenge $m_{Kr,X1}$. Das ergibt z. B. **Punkt B.** Die erforderliche Kraftstoffmasse ergibt sich näherungsweise aus der Reichweite X, der mittleren Fahrgeschwindigkeit $\bar{v}$, der Leistung $\bar{N}$ und der spezifischen Energie des Kraftstoffes. Die Dimensionierung des Verbrennungsmotors bestimmt die maximal erreichbare Fahrleistung. Nimmt die Leistung des Verbrennungsmotors ab, dann muss der elektrische Fahrmotor die Leistungsdifferenz liefern und diese kommt aus dem elektrischen Speicher, also z. B. der Batterie.

Das Verhältnis von Batteriemasse und Fahrleistung

Die Masse des elektrischen Speichers kann nun $m_{AK,\Delta N}$ umgekehrt proportional zur Motorleistung angenommen werden (konstante Leistungskennwerte der Batterie vorausgesetzt). Mit abnehmender Leistung des Verbrennungsmotors ergibt sich eine lineare Zunahme der Batteriemasse $m_{AK,\Delta N}$ (**Gerade C-A** in Abb. 6.13). Wird die installierte Motorleistung N geringer als die für einen Fahrzyklus erforderliche mittlere Leistung $\bar{N}$, dann kann die ursprünglich vorgesehene Kraftstoffmenge nicht mehr vollständig verbraucht werden und es ergibt sich die Gerade **D-A.** Der reine Elektroantrieb benötigt gar keinen Kraftstoff und arbeitet im **Punkt A.**

Das Verhältnis von Batteriemasse und Reichweite

Zusätzlich zur gerade diskutierten maximalen Fahrleistung ist auch die Reichweite ein wichtiges Auslegungskriterium für das Elektrofahrzeug. Unter Verwendung der spezifischen Energie der Batterie e_{AK} kann für eine vorzugebende Reichweite X die Batteriemasse $m_{AK,X}$ berechnet werden. Beispielhaft ergäbe sich für eine Reichweite X1 der **Punkt F.**

6

Bei einem Hybridantrieb mit einem Verbrennungsmotor, der gerade die für einen Fahrzyklus erforderliche mittlere Leistung N erbringt, ist zusätzlich zum Kraftstoff ein elektrischer Speicher – hier als Pufferspeicher – erforderlich. **Punkt E** möge die erforderliche Speichermasse angeben. Wie schwer ein solcher Speicher sein muss, ergibt sich aus dem vorgegebenen Fahrzyklus. Aus dem Unterschied zwischen dem minimalen und dem maximalen Speicherinhalt folgt die Mindestgröße (und damit das Mindestgewicht) einer solchen Batterie mit $m_{AK,Emin}$. Ist die Leistung des Verbrennungsmotors geringer als N, dann muss der elektrische Speicher die Differenzenergie zur Verfügung stellen **(Gerade E–F).**

Soll die doppelte Reichweite erreicht werden, so ergibt sich in ◘ Abb. 6.13 beispielhaft **Punkt H.** Dabei ist vorausgesetzt, dass die Leistungs- und die Fahrgeschwindigkeitsmittelwerte konstant bleiben. Die Speichermasse des Elektrofahrzeuges wird doppelt so schwer. Für das konventionell bzw. auch das hybrid angetriebene Fahrzeug verdoppelt sich natürlich auch die Kraftstoffmasse auf $m_{Kr,X2}$, wenn $N_{VM} = \bar{N}$ vorausgesetzt wird. Unter dieser Voraussetzung ist auch die Masse $m_{AK,Emin}$ der als Speicher dienenden Batterie von der Reichweite unabhängig. Der **Punkt G** in ◘ Abb. 6.13 ergibt sich daher durch Verschieben des **Punktes E** um die vergrößerte Kraftstoffmasse ($m_{Kr,X2}$).

Praktisch ist die Batterie jeweils so zu dimensionieren, dass die beiden Kriterien – Reichweite und Fahrleistungen – gemeinsam erfüllt werden können. ◘ Abb. 6.13 zeigt anschaulich, dass bei geringen Leistungen des Verbrennungsmotors die Reichweite für das Gewicht der Batterie maßgebend ist, sobald der Verbrennungsmotor zumindest die für einen Fahrzyklus mittlere erforderliche Leistung erbringen kann, ist die maximale erforderliche Fahrleistung die bestimmende Größe.

Damit wird auch deutlich, warum die Hybridfahrzeuge zukünftig so interessant werden. Die in ◘ Abb. 6.13 steil abfallenden Linien für die Batteriemassen (**Gerade H–G** bzw. **Gerade F–E**) zeigen die Vorteile bezüglich der Gewichtsverminderung (und damit auch der Batteriekosten), wenn bei einem Hybridantrieb ein stärkerer Verbrennungsmotor eingesetzt wird.

Anwendungsspektren für Elektrofahrzeuge

Einsatzgebiet Pendler-Dienste

Elektrofahrzeuge werden wegen ihrer begrenzten Reichweite, die neben der langen Ladedauer der Batterie und der hohen Kosten als wesentlicher Nachteil für Elektrofahrzeuge genannt wird, häufig für sog. Pendler-Dienste vorgesehen. Es sollen also die Arbeitnehmer statt mit verbrennungsmotorisch getriebenen Fahrzeugen besser mit Elektrofahrzeugen zu ihrer Arbeit fahren oder die kurzen Wege in der Stadt damit erledigen. Ladestationen in Einkaufszentren oder bei der Arbeitsstelle sollen dann für eine gesicherte Weiterfahrt sorgen. Derartige Fragestellungen, für wen sich ein Elektrofahrzeug besonders eignet, sind in der Vergangenheit bereits untersucht worden. Ausführliche Darstellungen dazu finden sich in (Wietschel et al. 2012). Aus diesen Auswertungen ergibt sich, dass Elektrofahrzeuge größere jährliche Fahrleistungen absolvieren müssen, damit sich die Anschaffung lohnt. Da der finanzielle Gewinn aus den geringeren Betriebskosten resultiert, die Anschaffung des Fahrzeuges selber aber deutlich teurer ist als bei einem verbrennungsmotorisch betriebenen Fahrzeug, sind Elektrofahrzeuge nur dann sinnvoll, wenn sie auch wirklich gefahren werden. Die oben genannten Pendler-Anwendungen für Städter gehören *nicht* dazu. Aus früheren Untersuchungen mit der Hochtemperatur-Zebra-Batterie ist z. B. bekannt, dass sich allein bei Betrachtung der umgesetzten Energie pro Tag eine Minimalstrecke ergibt, die ein Elektrofahrzeug genutzt werden muss, soll sein Betrieb wirtschaftlich sein (vgl. Bady 2001). Seinerzeit wurden zehn Batterie-Elektrofahrzeuge an Privatkunden ausgegeben, die sie für ihre tägliche Mobilität genutzt haben. Die aufgewendete Energie und die absolvierte Tagesfahrleistung (aus den monatlichen Daten gemittelt) sind dann übereinander aufgetragen worden (vgl. ◘ Abb. 6.14). Da die Batterien auch während der Standphase klimatisiert werden mussten (hier um sie auf 300 °C zu halten), haben sich bei geringen Fahrleistungen hohe Energiebedarfe ergeben.

Notwendigkeit hoher Fahrleistungen

Vergleicht man diese verbrauchten elektrischen Energien mit dem Verbrauch, den ein verbrennungsmotorisch angetriebenes Fahrzeug erfordern würde, dann erkennt man, dass sich bei einem Verbrauch von 9 ltr/100 km Benzin bzw. 7,5 ltr/100 km Diesel im Bereich von 65 km/Tag ein Schnittpunkt ergibt. Bei geringeren Fahrleistungen sind die verbrennungsmotorisch angetriebenen Fahrzeuge günstiger, bei höheren Kilometerleistungen pro Tag sind es die Elektrofahrzeuge.

Seit der Erstellung dieser Studie haben sich die Verhältnisse bei den Verbrennungsmotoren ebenso geändert wie die bei den Batterien. Der Energiebedarf bei modernen Li-Ionen-Batterien, die allerdings auch geheizt und gekühlt werden müssen, ist sicherlich nicht mehr so hoch wie bei den Hochtemperaturbatterien. Der Benzin- bzw. Dieselverbrauch moderner Fahrzeuge hat sich jedoch ebenfalls deutlich reduziert. Geht man von 20 kWh/100 km aus (5 ltr. Diesel/100 km oder 6 ltr. Benzin/100 km), dann würde es nicht mehr zum Schnittpunkt mit der Verbrauchskennlinie in ◘ Abb. 6.14 kommen. Man erkennt also, dass die damals eingesetzte Hochtemperatur-Technologie zumindest bezüglich der Wirtschaftlichkeit in keiner Weise zukunftsträchtig ist. Derzeit

6

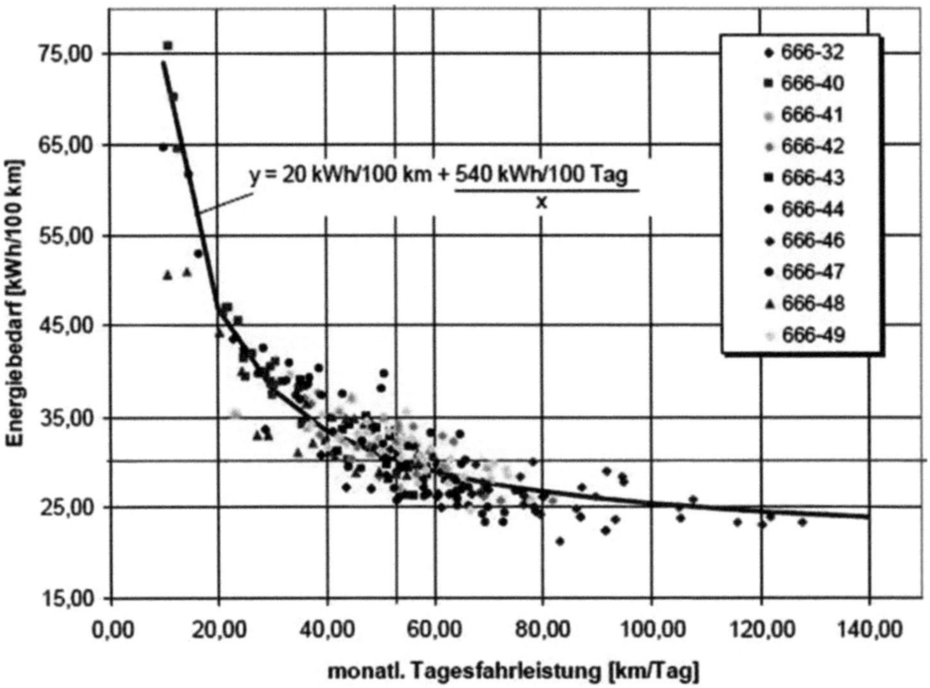

Abb. 6.14 Spezifische Energieverbräuche ab Netz in Abhängigkeit der monatlichen Tagesfahrleistung. (Quelle: Bady 2001)

gibt es Entwickler, die auf diese Batterie zurück kommen (vgl. Eimstad 2008). Die Wahrscheinlichkeit, dass damit kein ökologischer Erfolg verbunden sein wird, ist jedoch recht groß.

Der „ökologische Rucksack" des Elektroautos

Aktualisiert man einen in Wietschel et al. (2011) veröffentlichten Vergleich zwischen konventionellen Autos und Elektroautos mit unterschiedlichem Strombezug, dann erkennt man in Abb. 6.15, dass der sog. „ökologische Rucksack" den Elektroautos auch hohe Gesamtfahrleistungen abfordert, wenn sie auch ökologisch vorteilhaft sein sollen.

Aus dieser Gegenüberstellung ergibt sich, dass zukünftig nur Elektrofahrzeuge Sinn machen, die mit regenerativ erzeugtem Strom betrieben werden. Das ergibt sich vor allem aus den gesetzlich erzwungenen Verbesserungen der konventionellen Fahrzeuge, die ab 2020 mit weniger als 95 g CO_2/km betrieben werden müssen.

Durch den Mehraufwand bei der Produktion des Elektrofahrzeuges ergibt sich der sog. ökologische Rucksack, der das Elektrofahrzeug, auch wenn es aus regenerativem Strom versorgt wird, erst nach einer Strecke von mehr als 75.000 km ökologisch vorteilhafter werden lässt.

Zusammenfassend ist deshalb festzustellen, dass Elektrofahrzeuge zum wirtschaftlichen Umgang mit der Energie hohe tägliche Fahrleistungen haben sollten und dass die Gefahr besteht, dass nach gesetzlichen Vorgaben optimierte Verbrennungsmotoren den Elektrofahrzeugen das Leben sehr schwer machen werden.

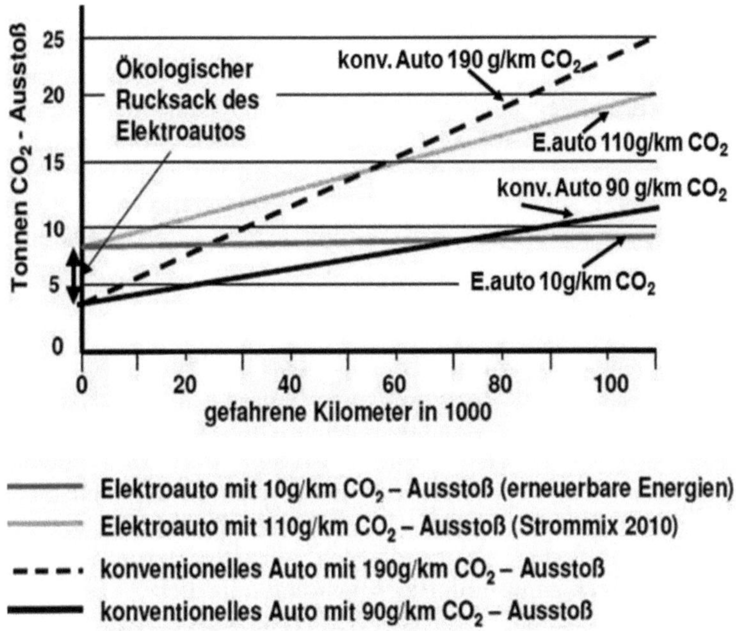

Abb. 6.15 Beispiel einer vereinfachten Umweltbilanz von Elektrofahrzeugen und konventionell angetriebenen Fahrzeugen. (Quelle: Wietschel et al. 2011 und eigene Berechnungen)

Freizeit

Den eher kritisch zu sehenden Zusammenhängen zwischen der normalen Mobilität und der Elektromobilität für generelle Anwendungen stehen die tendenziell positiven Effekte des elektrisch operierenden Freizeitverkehrs gegenüber. Aus der Zusammenstellung der heute angebotenen Elektrofahrzeuge in Tab. 6.1 ist eine größere Zahl von kleineren Fahrzeugen zu entnehmen. Diese haben an ihren Grenzen die mit nur 4 kW motorisierten Quads, die ab 16 Jahren mit einem Führerschein der Klasse S zu fahren sind, und die umgebauten Porsche-Fahrzeuge mit 250 kW. Beides hat wenig mit normaler Mobilität zu tun. Dazwischen befinden sich die Fahrzeuge, die für den urbanen Einsatz vorgesehen sind. Da private Nutzer nicht die oben diskutierten Reichweiten erzielen, ergibt sich unmittelbar, dass nach anderen Nutzungen zu suchen ist. Eine davon dürfte das Carsharing sein, auf das noch zurückgekommen wird.

Großes Potenzial im Freizeitverkehr

Zu den Freizeitaktivitäten hat es in der Vergangenheit bereits Untersuchungen gegeben (Dreyer 1973). Schon damals hat sich gezeigt, dass mit einer Reichweite von 60 km etwa 50 % aller Wochenendfahrten mit einem Elektrofahrzeug realisiert werden können. Da sich die Reichweiten in der Zwischenzeit nahezu verdoppelt haben, die Ausflugsziele aber die gleichen geblieben sind, erfüllen die Elektrofahrzeuge die Anforderungen in einem höheren Maße.

Nutzfahrzeugeinsatz

Elektrofahrzeuge im Nutzfahrzeugeinsatz sind schon lange bekannt. Das hat es sowohl zu Beginn der Motorisierung bereits gegeben, wie auch in den 50er-Jahren, als z. B. die Bundespost in Berlin die Paketauslieferungen noch mit Elektro-Lastwagen durchgeführt hat. Als Batterien waren damals nur Blei-Batterien verfügbar. Mit flexibleren kleinen Lkw wurde der Paketdienst dann einfacher und prinzipiell auch preiswerter. Ein erneuter Versuch wurde zu Beginn der 90er-Jahre gestartet, als die Post Zink-Luft-Batterien untersucht hat. Da die Strecken zur Postverteilung im Vorhinein bekannt sind, kann eine Optimierung der Batteriegröße durchgeführt werden. Die Leistungsausbeute der Batterien war vielversprechend. Die Wiederaufarbeitung der Zink-Luft-Batterien, die Primärbatterien sind, sollte in der Nähe der Postgebäude durchgeführt werden. Die durchgeführten Untersuchungen haben dann aber doch nicht die Vorteile erbracht, die zuvor erwartet worden waren. Zink-Luft-Batterien gibt es heute nur in wenigen Anwendungen, z. B. bei Hörgeräten. Die 2010 gestartete Entwicklung und der Bau des Streetscooter-Lkw's für die Deutsche Post wird in 2020 wieder eingestellt. Die Kosten für eine Eigenfertigung der Fahrzeuge sind zu hoch.

Andere elektrisch angetriebene Nutzfahrzeuge sind die Oberleitungsbusse, die noch in einigen Städten verkehren. Hier geht es vor allem um den emissionsfreien Verkehr in den Städten. Zukünftig werden die Oberleitungen möglicherweise durch Kabel in der Fahrbahn ersetzt, die die Energie dann induktiv auf das Fahrzeug übertragen. In Korea wird intensiv an dieser Art der Elektromobilität geforscht (vgl. Thomson 2010). Durch Übertragung des Stroms mit Resonanzfrequenz wird ein relativ guter Wirkungsgrad erreicht. Das Verfahren der induktiven Energieübertragung wird derzeit auch zum kontaktlosen Laden der Elektro- und Hybridfahrzeuge (Plug in Hybrid Vehicle) angewendet (vgl. Wallentowitz und Freialdenhoven 2010). Der Stadtbus „emil" in Braunschweig wird seit 2014 an mehreren Haltestellen induktiv aufgeladen.

Die Ausrüstung von SUV's (mittleren Nutzfahrzeugen) wird von der Firma VIA in den USA betrieben (Viamotors 2012). Seit 2018 gibt es eine Zusammenarbeit mit Geely in China. Entsprechend der Anordnung im Opel Ampera werden „light commercial vehicles" mit einem Elektroantrieb und einem Verbrennungsmotor ausgerüstet. Diese Kombination wird als extended Range Electric Vehicle (eREV) bezeichnet. Etwa 40 Meilen kann das Fahrzeug rein elektrisch zurücklegen (300 kW Elektromotor). Die Batterie hat 24 kWh Energieinhalt und ist flüssigkeitsgekühlt. Der Verbrennungsmotor (V6, 4.3 ltr.) liefert über einen angeflanschten Generator 150 kW elektrische Leistung. Damit kann sowohl direkt elektrisch gefahren als auch die Batterie während der Fahrt aufgeladen werden. Zusätzlich werden externe Stromanschlüsse angeboten, damit Handwerker solche Fahrzeuge als Energieerzeuger zum Anschluss der Werkzeuge verwenden können. Selbst als Notstromaggregate für Wohnhäuser werden diese Lösungen angepriesen. Wirtschaftlich werden diese Fahrzeuge allerdings in der Regel erst durch die staatlich gewährten Zuschüsse.

Carsharing

Derzeit werden erhebliche Aktivitäten unternommen, die Elektrofahrzeuge in Carsharing-Systemen unterzubringen. In diesem Zusammenhang bedeutet Carsharing, dass sich bei dem System angemeldete Kunden über ihr Mobiltelefon die Standorte von verfügbaren Fahrzeugen mitteilen lassen und diese Fahrzeuge dann mithilfe des Mobiltelefons auch geöffnet und gestartet werden können. Die Kosten werden nach der Betriebsdauer der Fahrzeuge und den gefahrenen Kilometern berechnet. Die Daimler AG war mit dem Elektro-Smart eine der ersten engagierten Unternehmungen in dieser Sache. Andere Unternehmen sind nachgezogen, auch in Verbindung mit der

Deutschen Bahn. Alle großen Carsharing-Unternehmen bieten neben Fahrzeugen mit Verbrennungsmotoren auch Elektrofahrzeuge an. DriveNow von BMW und car2go von Daimler haben sich im Februar 2019 zu ShareNow zusammengeschlossen. Die Anzahl der Elektroautos sollte bis Ende 2019 europaweit deutlich erhöht werden. Flinkster, eine Tochter der Deutschen Bahn, hat deutlich weniger Kunden als ShareNow. Der Anteil an Elektroautos ist gering. Diese Fahrzeuge werden von Flinkster-Partnern bereitgestellt, und zwar in vielen deutschen Städten, oft an festen Stationen in Bahnhofsnähe. WeShare von Volkswagen ist im Juni 2019 mit 1500 Elektrogolfs in Berlin gestartet. E-Wald bietet seine über 200 Elektroautos vor allem in Südostbayern an.

Zweckmäßigkeit von Elektrofahrzeugen im Carsharing

Die Sinnhaftigkeit von Carsharing ergibt sich aus den bereits ermittelten Anforderungen: Das Elektrofahrzeug sollte pro Tag möglichst viel fahren, damit die Standverluste gering bleiben, es ist aber aufgrund der Reichweitenrestriktion nur in einem begrenzten Bereich nutzbar. Da der einzelne Nutzer auch nur geringe Strecken zurücklegt, kann eine lange tägliche Fahrstrecke nur durch Nutzung verschiedener Carsharing-Teilnehmer erreicht werden. Das Wiederaufladen der Batterie während der Standzeiten wird dann erreicht, wenn die Fahrzeuge an Ladestationen abgestellt werden. Das Zurückbringen des Fahrzeuges zu einer zentralen Stelle ist allerdings prinzipiell gar nicht erforderlich, da z. B. Smart-Fahrzeuge ohne eigenen Fahrer auch zu mehreren hintereinander gehängt von einem Zugfahrzeug wieder „eingesammelt" werden könnten. Entsprechende erfolgreiche Versuche hat es vor Jahren bereits am Institut für Kraftfahrwesen der RWTH Aachen gegeben, da bereits damals klar war, dass Carsharing vor allem dann interessant sein wird, wenn es die Freizügigkeit der Benutzung gibt, die sich heute in der Realität abzeichnet (vgl. Wallentowitz 2010).

Doppelt so hohe Auslastung durch one-way Aktivitäten im Carsharing

Zu diesen Carsharing-Aktivitäten gibt es interessante Studien. So wird z. B. das Carsharing mit Elektrofahrzeugen als Baustein eines intermodalen Mobilitätsangebots konzeptioniert (vgl. Canzler 2011). Demnach werden sich die Autohersteller zukünftig zu Mobilitätsdienstleistern entwickeln. Vor allem bei den one-way-Aktivitäten und wenn das Fahrzeug nicht zur Ausleihstation zurückgebracht werden muss, ist die Auslastung doppelt so hoch, wie bei normalen Carsharing-Systemen (vgl. ebd.). Das zeigt die Sinnhaftigkeit des oben erwähnten „Einsammelns" von Fahrzeugen. Die Daimler AG hat 2008 in Ulm mit dem Projekt Car2go ein entsprechendes Konzept begonnen.

Einen anderen interessanten Fahrzeugvorschlag hat General Motors gemacht. Dieser orientiert sich an dem sog. Segway Roller, bei dem ein Regler das Gleichgewicht hält und der Fahrer seine Fahrtrichtung durch Gewichtsverlagerung bestimmt (vgl. ◘ Abb. 6.16).

Ein solches, auf kleinstem Raum zu parkendes Fahrzeug (Einachser) mit einem guten Wetterschutz dürfte für kurze Entfernungen im Stadtverkehr vorgesehen sein, also gut in ein Carsharing-System passen. Wird das Fahrzeug mit einer Deichsel versehen, ist auch die oben beschriebene „Einsammelfunktion" mehrerer solcher Fahrzeuge durch nur ein Zugfahrzeug gut zu realisieren. Dazu sind allerdings in Deutschland

Abb. 6.16 Moderner Vorschlag eines Elektrofahrzeuges von GM auf dem FISITA Kongress 2012 in Peking. (Quelle: Verfasser)

die gesetzlichen Bedingungen zu ändern, denn bislang darf kein betriebsfähiges Fahrzeug durch ein anderes abgeschleppt werden. Vielleicht lässt sich diese schon heute hinderliche Vorschrift im Zusammenhang mit der Elektromobilität, an der die Öffentliche Hand ja großes Interesse hat, verändern.

Fazit

Kein Ersatz der bisherigen Fahrzeugantriebe durch Elektromotoren

Die technische Entwicklung von Elektrofahrzeugen hat insgesamt einen hohen Stand erreicht. Es sind leistungsfähige Motoren und Getriebe serienmäßig verfügbar, bei den Aggregaten bieten sich Lösungen an, die auch in verbrennungsmotorisch angetriebenen Fahrzeugen eingesetzt werden können. Allerdings sind die Leistungsfähigkeiten der Batterien nach wie vor begrenzt, sodass es keinen einfachen Ersatz der bisherigen Fahrzeugantriebe durch Elektromotoren geben wird. Allerdings werden sich auch Batterien in ihren Leistungsfähigkeiten noch weiter entwickeln, wie oben aus dem Ragone-Diagramm zu erkennen ist. Die in Deutschland derzeit zu beobachtenden Aktivitäten der Fahrzeughersteller, selbst Batterien herzustellen, könnte einen erheblichen Schub in diese Entwicklung bringen. Der Druck der EU, die mit Strafzahlungen droht, dürfte eine weitere Motivation sein, dass sich die Fahrzeughersteller hier engagieren. Die Elektromobilität wird sich allerdings in gesonderten Bereichen weiter entwickeln, die keine großen Anforderungen an Reichweiten stellen. Hier ist vor allem daran zu denken, dass sich Zweitfahrzeuge mit einem hohen „Fun-Potential" und Carsharing-Fahrzeuge als Elektrofahrzeuge einsetzen lassen. Elektrofahrzeuge benötigen relativ hohe tägliche Kilometerleistungen, damit sie ökonomisch und ökologisch Sinn machen, denn nur dann sorgen die niedrigeren Betriebskosten für einen Return of Investment, das für die Anschaffung der Fahrzeuge getätigt werden muss. Daraus ergeben sich auch besondere Mobilitätsarten, die nur dann erfolgreich sein werden, wenn sie den Kunden ein hohes Maß an Flexibilität zugestehen. Das bedeutet, es wird nicht nur um die Fahrzeugentwicklung selber gehen, sondern um die Einbettung der Fahrzeuge in eine Nutzerstruktur (vgl. Ahrend/Stock in diesem Band). Nach bisherigen Erkenntnissen wird sich das vor allem auf die Umlandgemeinden der Städte auswirken.

Statt eines Nachwortes

Bericht aus einem anhaltenden Selbstversuch

Claus Leggewie

Inhaltsverzeichnis

O. Schwedes, M. Keichel (Hrsg.), *Das Elektroauto*, ATZ/MTZ-Fachbuch,
https://doi.org/10.1007/978-3-658-47643-4_7

7

Einklang von Wissen und Handeln

Vor über zehn Jahren – weder habe ich mir das genaue Datum gemerkt noch ein Abschiedsfoto geschossen – rollte das letzte von mir besessene Automobil vom Hof. Es handelte sich um einen *Jaguar XJ-6,* silberblaugrau, Jahrgang 1996. Das edle Auto war schon etwas betagt und hätte mit ein paar tausend Euro aufgemöbelt werden müssen. Wäre meine Liebe zum Automobil damals noch stark gewesen wie das halbe Jahrhundert zuvor, so etwa zwischen 1955 und 2005, hätte ich diese Summe ohne Murren investiert. So wie den sündhaften Anschaffungspreis, der freilich mittlerweile durch jeden Passat-Jahreswagen übertroffen wird. Aber der drohende TÜV steigerte die Versuchung, ein Leben mal (fast) ohne Auto auszuprobieren. Und mein angehäuftes Wissen über die insgesamt schädliche Wirkung des benzingetriebenen Individualverkehrs mit meinem Handeln halbwegs zur Deckung zu bringen. Solange das Gefährt, in dem es eine Lust zu fahren ist, vor der Tür stand, wäre ich kaum umgestiegen auf den öffentlichen Personennahverkehr, auf Taxis und gelegentliche Mietwagen.

Erleichtert wurde meine Entscheidung dadurch, dass meine Frau einen Wagen besitzt, es mir also weiterhin möglich war, etwa die Tochter mit dem Wagen zur Schule und zu den üblichen Nachmittagsveranstaltungen oder zum Kindergeburtstag zu chauffieren oder schwere Lasten im Kombi zu befördern. Doch auch dafür war das Auto nicht immer verfügbar, sodass der Einschnitt in mein Leben unterm Strich gewiss nicht dramatisch, aber durchaus spürbar war.

Gewinn an Lebensqualität

Ich habe den Verzicht überlebt und mich an die Abwesenheit eines, meines, Automobils gewöhnt. Mir fehlt nicht viel, und ich bin dabei anzuerkennen, dass ich damit an Lebensqualität gewonnen habe. Nach dem Jaguar sehne ich mich nicht zurück, ein anderes Auto werde ich mir kaum noch anschaffen, nur gelegentlich fehlt mir – das AUTO.

Den Prestige- und Reputationsverlust hätte ich anfangs höher eingeschätzt als die praktischen Schwierigkeiten. Mich selbst ohne Auto überhaupt zu denken, erschien mir und meinen Freunden nach einer intensiven Auto-Biografie kaum möglich. Seit dem ersten Ford 12M (1968), nach diversen 70er-Jahre-Kutschen (VW Käfer, Renault R 16) und einer Sportwagen-Historie in den 80ern und 90ern (Alfa Romeo Guilia, BMW 525, Jaguar XJ6) war klar, dass ich Fahrzeuge mit Otto-Motor nicht allein und nicht vorrangig als Fortbewegungsmittel verwendete, sondern mich mit ihnen identifizierte und schmückte. Das ging, wie an anderer Stelle beschrieben (Leggewie 2011), auf Er-Fahrungen der Nachkriegszeit und des Wiederaufbaus zurück, die ich mit meiner ganzen Generation von Babyboomern teile. Gerne benutzte ich ein Auto aus reiner Lust am Fahren, ich fuhr gerne schnell (wenn auch fast nie aggressiv) und ließ mich vor meinen Karossen fotografieren. Einer meiner ersten Aushilfsjobs während der Studienzeit bestand darin, bei einem Händler für Luxuslimousinen und Sportwagen Felgen und Stoßstangen verkaufsfördernd aufzupolieren (und mit den Edelkarossen eine Runde zu drehen). Ich pilgerte zu Autorennen, bevorzugt der *Gran Tourismo* Sportwagen-Kategorie, drückte mich in Boxen- und Reparatur-Werkstätten herum, des Einblicks und des Geruchs wegen. Diese Eloge könnte ich fortsetzen, sie ist mir weder fremd noch peinlich. Doch den Draht habe ich schon verloren, als Motorblöcke eines Tages so versiegelt waren, dass man sowieso nichts mehr selbst reparieren konnte (■ Abb. 7.1).

Abb. 7.1 Der Autor im VW 1200 Export mit Faltdach, ca. 1961. (Quelle: Leggewie)

Beziehungsverlust durch abstrakte Technik

„Gefahren werden" als Gewinn an Bewegungsqualität

Es blieb noch der Fahrspaß. Und dass der verging und ins Gegenteil umschlug, hat mit der Selbsterledigung der „freien Fahrt für freie Bürger" zu tun – zunehmend nervten mich die ewigen Staus, die nicht enden wollenden Straßen- und Brückenreparaturen, die mit wilden Lichthupensignalen auffahrenden Vertreter in ihren Audis und BMW's. Mir extravagante und formschöne Autos anzuschaffen, hatte auch damit zu tun, dass ich die stromlinienförmige Einheitsform verabscheute. Sei's drum: Mir war der Spaß schon lange vergangen, bei so gut wie allen längeren Fahrten stieg ich freiwillig auf die Bahn um, die ich als durchweg stressfreier, zuverlässiger und schneller erlebte. Das wurde zur Regel, als ich wieder zum Berufspendler wurde und viele Dienstreisen zu absolvieren hatte. Die Bahn ist sicher nicht fehlerfrei, aber unterm Strich ein Gewinn an Bewegungsqualität.

Neue Mobilitätsmuster

Weit schwieriger fiel mir, bei schlechtem Wetter mit schwerer Tasche auf den Bus zu warten, Kurzstrecken zu Fuß oder mit dem Fahrrad zurückzulegen, nicht die eingesparten Versicherungsbeiträge und Spritkosten für Taxis und Mietwagen auszugeben. Ob ich nach der Abschaffung des Wagens mehr oder weniger ausgebe, habe ich bewusst nie ausgerechnet, Kostensparen war für mich kein Hauptmotiv der Autoabstinenz. Ich wollte vielmehr an mir selbst testen, wie schwer es einem fällt, neue Mobilitätsmuster einzuüben. Deswegen blieb auch mein Interesse an Hybrid- und Elektroautos aus, die (wie dieses Buch belegt) nur den einen gegen den anderen Antrieb austauschen und ansonsten weitermachen wie bisher. Deswegen ließen mich auch „blue motion"-Angebote relativ kalt, die den Dieselverbrauch fast auf das legendäre Drei-Liter-Niveau drücken.

Befreiung von Abhängigkeit: Das Auto als mentale Infrastruktur

Dafür, dass ich mein Auto (halb) abgeschafft habe, will ich weder gelobt noch verspottet werden. Es ist meine Sache, ich komme niemandem moralisch und sehe mich ausdrücklich nicht als Vorbild. Wichtig war mir vielmehr, dass ich aus der rationalen Erkenntnis, wie stark ich das Automobil als eine Art mentale Infrastruktur verinnerlicht und mich davon abhängig gemacht hatte, Konsequenzen ziehen würde. So wie einige Jahre zuvor bei der letzten Zigarette, so wie bei dem Einstieg in eine gesündere Ernährung und Lebensweise, so wie beim Abgewöhnen anderer schlechter Eigenschaften. Wie immer kommt es dabei zu faulen Kompromissen und Rückschlägen, *I'm a mensch. (Mittlerweile steht sogar wieder ein Jaguar vor der Tür …)*

7

Der Selbstversuch ist alles andere als perfekt gelungen, aber es geht auch nicht um Perfektion, und ich bilde mir nicht ein, mit den von mir vermiedenen Treibhausgasemissionen die Welt retten oder auch nur in meinem Umfeld als Rollenmodell wirken zu können. Es ging vor allem darum, eine kognitive Dissonanz zu vermeiden. An der lächerlichen Zentralstellung des Automobils für Wirtschaft, Gesellschaft, Politik und Kultur wollte ich nicht länger mitwirken.

Die meisten Schwierigkeiten bereitet es, die starke Habitualisierung des Individualverkehrs aufzugeben. „Den Wagen nehmen" war und ist die *default option,* immer noch muss ich angestrengt überlegen, wie ich mich ohne den Jaguar (oder das Ersatzauto) von A nach B bewegen soll. Wie ich den damit möglicherweise verbundenen Zeitverlust verschmerzen und mich dem infantilen, durchs Automobil ermöglichten Versprechen entziehen werde, alles überall sofort zu haben oder erledigen zu können. Also überhaupt zu realisieren, worin die Gewinne eines „Weniger ist mehr" bestehen und die Vorteile der Entschleunigung und die Vorzüge des partiellen Mobilitätsverzichtes, die ich doch gerade praktizierte, genießen zu lernen. Mal sehen, ob das noch kommt.

Serviceteil

O. Schwedes, M. Keichel (Hrsg.), *Das Elektroauto*, ATZ/MTZ-Fachbuch,
https://doi.org/10.1007/978-3-658-47643-4

Literatur

Ahrend, Christine (2002a): Mobilitätsstrategien erforschen. In: Wulf-Holger Arndt (Hrsg.), Verkehrsplanungsseminar. Beiträge aus Verkehrsplanungstheorie und -praxis. Berlin, S. 63–72.

Ahrend, Christine (2002b): Mobilitätsstrategien zehnjähriger Jungen und Mädchen als Grundlage städtischer Verkehrsplanung. Münster.

Ahrend, Christine/Oliver Schwedes/Jessica Stock/Iris Menke (2011): Ergebnisbericht der Technischen Universität Berlin im Teilprojekt: Analyse Nutzerinnen und Nutzerverhalten und Raumplanung regionale InfrastrukturVerbundprojekt „IKT-basierte Integration der Elektromobilität in die Netzsysteme der Zukunft". Technische Universität Berlin.

Aicher, Otl (1984): Schwierige Verteidigung des Autos gegen seine Anbeter. München.

Allmers, Robert/R. Kaufmann/C. Fritz/E. Kleinrath (Hrsg.) (1928): Das deutsche Automobilwesen der Gegenwart. Berlin.

Altvater, Elmar/Birgit Mahnkopf (2007): Grenzen der Globalisierung. Ökonomie, Ökologie und Politik in der Weltgesellschaft, 7. Auflage. Münster.

Bady, Ralf (2001): Technisches Einsatzpotential von Elektrofahrzeugen mit Hochtemperaturbatterien im städtischen Alltagsbetrieb. Dissertation RWTH Aachen.

Banister, David (2008): Unsustainable Transport. City transport in the new century. Oxfordshire/New York.

Barthes, Roland (1964): Mythen des Alltags. Frankfurt M.

Bath, Dominik (2025): Während VW um die Zukunft kämpft, knackt China wichtige Marke. Berliner Morgenpost, 02.01.2025. https://www.morgenpost.de/wirtschaft/article408001635/waehrend-vw-um-die-zukunft-kaempft-knackt-china-wichtige-marke.html?utm_source=firefox-newtab-de-de (Zugriff, 04.01.2025)

Beck, Ulrich (1986): Risikogesellschaft. Auf dem Weg in eine andere Moderne. Frankfurt M.

Becker, Peter (2010): Aufstieg und Krise der deutschen Stromkonzerne. Bochum.

Berger, Roland/Hans-Gerd Servatius (1994): Die Zukunft des Autos hat erst begonnen. Ökologisches Umsteuern als Chance. München/Zürich.

Bierbaum, Otto Julius (1906): Ein Gespräch über das Automobil. In: Mit der Kraft. Berlin.

Bijker, Wiebe E./Thomas P. Hughes/Trevor J. Pinch (Hrsg.) (2005): The Social Construction of Technological Systems. New Directions in the Sociology and History of Technology. Cambridge, Mass.

Billisch, Franz Robert/Ernst Fiala/Hans Kronberger (1994): Abenteuer Elektroauto. Freienbach.

Bode, Peter M./Sylvia Hamberger/Wolfgang Zängl (1986): Alptraum Auto. Eine hundertjährige Erfindung und ihre Folgen. München.

Borscheid, Peter (1988): Auto und Massenmobilität, in: Hans Pohl (Hrsg.): Die Einflüsse der Motorisierung auf das Verkehrswesen von 1886 bis 1986 (Tagung 27./28. November 1986 in Fellbach). Zeitschrift für Unternehmensgeschichte, Beiheft 52. Stuttgart.

Borscheid, Peter (2004): Das Tempo-Virus: Eine Kulturgeschichte der Beschleunigung. Frankfurt/New York.

Blume, Jutta/Nika Greger/Wolfgang Pomrehn (2011): Oben Hui, Unten Pfui? Rohstoffe für die „grüne" Wirtschaft: Bedarfe – Probleme – Handlungsoptionen für Wirtschaft, Politik & Zivilgesellschaft. Berlin.

Braun, Horst/Wilhelm Dreyer/Claus Wolf (1975): Sonderforschungsbereich 97, Fahrzeuge und Antriebe, Teilprojekt Stadtkraftfahrzeuge, Bericht 35, Betriebliche Anforderungen an Stadtkraftfahrzeuge. TU Braunschweig.

Braungart, Michael/William MCDonough (Hrsg.) (2013): Die nächste industrielle Revolution. Die Cradle to Cradle-Community. Hamburg.

Bundesregierung (2009): Nationaler Entwicklungsplan Elektromobilität der Bundesregierung. Berlin.

Buschhaus, Wolfram (1994): Entwicklung eines leistungsorientierten Hybridantriebs mit vollautomatischer Betriebsstrategie. Dissertation RWTH Aachen.

Burkhardt, Francois (1990): Geschwindigkeit in Gestalt und Fortschritt als Propaganda. Streamline und Stromlinie in Amerika und Europa, in: Angela Schönberger (Hrsg.): Raymond Loewy. Pionier des amerikanischen Industriedesigns. München.

Canzler, Weert (2011): Vernetzte Mobilität für die Stadt von morgen. Yellow Paper Stadt der Zukunft, EMM Europäische Multiplikatoren Medien GmbH. Berlin.

Canzler, Weert (1997): Der Erfolg des Automobils und das Zauberlehrlings-Syndrom, in: Meinolf Dierkes (Hrsg.), Technikgenese. Befunde aus einem Forschungsprogramm. Berlin, S. 99–129.

Canzler, Weert/Andreas Knie (1994): Das Ende des Automobils. Heidelberg.

Christoph Aberle/Stephan Daubitz/Oliver Schwedes/Carsten Gertz (2025): Measuring transport poverty with a mixed-methods approach. A comparative case study of the German cities Berlin and Hamburg. In: Journal of Transport Geography, Volume 125. https://doi.org/10.1016/j.jtrangeo.2025.104140

Csikszentmihalyi, Mihaly/Eugene Rochberg-Hilton (1989): Der Sinn der Dinge. Das Selbst und die Symbole des Wohnbereichs. München-Weinheim.

Dataforce (2024): Elektrifizierung oder Abstieg: Wie OEMs die CO2-Ziele für 2025 erreichen können. https://www.dataforce.de/news/elektrifizierung-oder-abstieg-wie-oems-die-co2-ziele-fuer-2025-erreichen-koennen/ (Zugriff, 04.01.2025).

Deckwirth, Christina (2025): Lobbying: Die politische Macht der Automobilkonzerne in Deutschland. In: Oliver Schwedes/Alexander Rammert/Kerstin Stark (Hrsg.): Handbuch Verkehrspolitik. Wiesbaden (im Erscheinen).

Dekra (2012): Lithium-Ionen Batterien im Brandversuch. https://www.springerprofessional.de/automobil%2D%2D-motoren/elektrofahrzeuge/dekra-lithium-ionen-batterien-im-brandversuch/6561186 (Zugriff: 04.01.2025)

Die Bundesregierung (2009): Der Nationale Entwicklungsplan Elektromobilität. https://www.bmvi.de/blaetterkatalog/catalogs/219176/pdf/complete.pdf (Zugriff, 04.01.2025)

DIW – Deutsches Institut für Wirtschaftsforschung (2011): Verkehr in Zahlen 2011/2012. Berlin.

Dreyer, Wilhelm (1973): Sonderforschungsbereich 97, Fahrzeuge und Antriebe, Teilprojekt Stadtkraftfahrzeug, Bericht 3, Anforderungen an das Antriebssystem eines Stadt-Pkw. TU Braunschweig.

Eichberg, Henning (1987): Die Revolution des Automobils. In: Ders.: Die historische Relativität der Sachen und Gespenster im Zeughaus. Münster.

EFI – Expertenkommission Forschung und Innovation (2012): Gutachten zu Forschung, Innovation und Technologischer Leistungsfähigkeit Deutschlands 2012. Berlin.

Eimstad, Michael (2008): Das elektrische Stadtauto Think City. In: Fährt das Auto der Zukunft elektrisch? Dokumentation der Konferenz vom 28. April 2008 in Berlin.

EP – Europäisches Parlament (2023): EU-Verkaufsverbot für neue Benzin- und Dieselfahrzeuge ab 2035 – Was bedeutet das? https://www.europarl.europa.eu/topics/de/article/20221019STO44572/verkaufsverbot-fur-neue-benzin-und-dieselfahrzeuge-ab-2035-was-bedeutet-das (Zugriff, 04.01.2025).

Fenn, Jackie/Mark Raskino (2008): Mastering the Hype Cycle. How to Choose the Right Innovation at the Right Time. Boston (Massachusetts).

Fünfschilling, Leonhard, Hermann Huber (Hrsg.): Risse im Lack. Auf den Spuren der Autokultur (Schweizer Werkbund). Zürich 1985.

Geertz, Clifford (1987): Dichte Beschreibung. Beiträge zum Verstehen kultureller Systeme. Frankfurt M.

Ginsberg, Sven (2011): Crashdeformierbares Batteriekonzept für Elektrofahrzeuge, Aachener Karosserietage.

GGEMO – Gemeinsame Geschäftsstelle Elektromobilität der Bundesregierung (2011): Zweiter Bericht der Nationalen Plattform Elektromobilität, Berlin. https://www.bmu.de/pressemitteilung/nationale-plattform-elektromobilitaet-uebergibt-zweiten-bericht-an-die-bundesregierung/ (Zugriff, 04.01.2025)

Gläser, Kai/Christoph Danzer/Rene Kockisch (2012): Radnaher Hochleistungs-Elektroantrieb mit integriertem Planetengetriebe, Fachworkshop Elektromobilität, Zentrales Innovationsprogramm Mittelstand (ZIM), Berlin, 07.04.2012.

Goebbels, Joseph (1939): Rede in: Allmers, Robert/Joseph Goebbels/Adolf Hitler: Kräfte lenken, Kräfte sparen. Drei Reden zur Internationalen Automobil und Motorrad-Ausstellung. Hrsg. vom Reichsverband der Automobilindustrie. Berlin.

Graham-Rowe, Ella/Benjamin Gardner/Charles Abraham/Stephen Skippon/Helga Dittmar/Rebecca Hutchins/Jenny Stannard (2012): Mainstream consumers driving plugin batteryelectric and plug-in hybrid electric cars: A qualitative analysis of responses and evaluations. In: Transportation Research Part A 46, S. 140–153.

Gropius, Walter (1914): Moderne Probleme der Verkehrsbewegung. In: Jahrbuch des deutschen Werkbundes. Jena.

Haberland, Michael (1900): Das Fahrrad. In: Ders.: Cultur im Alltag, Gesammelte Aufsätze. Wien.

Habermas, Jürgen (1985): Die neue Unübersichtlichkeit. Kleine Politische Schriften V. Frankfurt M.

Haipeter, Thomas (2001): Vom Fordismus zum Postfordismus? Über den Wandel des Produktionssystems bei Volkswagen seit den siebziger Jahren. In: Rudolf Boch (Hrsg.): Geschichte und Zukunft der deutschen Automobilindustrie. Stuttgart, S. 216–246.

Hickethier, Knut/Wolf Dieter Lützen/Karin Reis (1974): Das deutsche Auto. Volkswagenwerbung und Volkskultur. Steinbach.

Hippel, Eric von (1986): Lead users: a source of novel product concepts. In: Management Science 32 (7), S. 791–805.

Honnef, Klaus (Hrsg.) (1972): Verkehrskultur. Recklinghausen.

Hoogma, Remco/René Kemp/Johan Schot/Bernhard Truffer (2002): Experimenting for Sustainable Transport. The approach of Strategic Niche Management. London.

Hoor, Maximilian (2024): Urbanes Radfahren und Mobilitätskulturen im Wandel. Berlin.

Hörmandinger, Günter (2019): Warum wir Regeln für die Effizienz von Elektrofahrzeugen brauchen. https://www.agora-verkehrswende.de/blog/warum-wir-regeln-fuer-die-effizienz-von-elektrofahrzeugen-brauchen/ (Zugriff, 04.01.2025)

Huber, Joseph (1995): Nachhaltige Entwicklung durch Suffizienz, Effizienz und Konsistenz. In: Peter Fritz/Joseph Huber/Hans-Wolfgang Levi (Hrsg.): Nachhaltigkeit in naturwissenschaftlicher und sozialwissenschaftlicher Perspektive. Stuttgart, S. 31–46.

Hutter, Michael/Hubert Knoblauch/Werner Rammert/Arnold Windeler (2011): Innovationsgesellschaft heute: Die reflexive Herstellung des Neuen, Discussion Paper TUTS-WP-4-2011. Technische Universität Berlin.

IDW – Institut der Deutschen Wirtschaft (2011): Elektromobilität. Studie zusammen mit der DB Research, https://www.iwkoeln.de/studien/gutachten/beitrag/elektromobilitaet-63352.html (Zugriff, 04.01.2025)

IPCC – Intergovernmental Panel on Climate Change (2007): Climate Change 2007: Mitigation of Climate Change, Cambridge University Press. Cambridge/New York.

Jakobs, Eva-Maria/Katrin Lehnen/Martina Ziefle (2008): Alter und Technik. Studie zu Technikkonzepten, Techniknutzung und Technikbewertung älterer Menschen. Aachen.

Katzemich, Nina (2012): Politische Einflussnahme. Die Autolobby in Brüssel. In: Umwelt aktuell 11/2012, S. 4–5.

Kaschuba, Wolfgang (2004): Die Überwindung der Distanz. Zeit und Raum in der europäischen Moderne. Frankfurt M.

Kemfert, Claudia (2023): Schockwellen: Letzte Chance für sichere Energien und Frieden. Frankfurt M.

Kemfert, Claudia (2017): Das fossile Imperium schlägt zurück. Warum wir die Energiewende jetzt verteidigen müssen. Hamburg.

Kemfert, Claudia (2013): Kampf um Strom. Mythen, Macht und Monopole. Hamburg.

Knie, Andreas (1997): Die Interpretation des Autos als Rennreise limousine: Genese, Bedeutungsprägung, Fixierungen und verkehrspolitische Konsequenzen. In: Hans Liudger Dienel / Helmuth Trischler (Hrsg.): Geschichte der Zukunft des Verkehrs. Verkehrskonzepte von der Frühen Neuzeit bis zum 21. Jahrhundert. Frankfurt M./New York, S. 243–259.

Krämer-Badoni, Klaus/Herbert Grymer/Marianne Rodenstein (1971): Zur sozio-ökonomischen Bedeutung des Automobils. Frankfurt M.

Leggewie, Claus (2011): Mut statt Wut. Aufbruch in eine neue Demokratie. Hamburg.

Lessing, Hans-Erhard (2003): Automobilität. Karl Drais und die unglaublichen Anfänge. Leipzig.

Lichtenstein, Claude/Franz Engler (1992): Stromlinienform. Katalogbuch zur gleichnamigen Ausstellung, Museum für Gestaltung, Zürich: 23. Mai bis 2. August 1992.

Linder, Wolf/Ulrich Maurer/Hubert Resch (1975): Erzwungene Mobilität. Alternativen zur Raumordnung, Stadtentwicklung und Verkehrspolitik. Köln/Frankfurt M.

Linzbach, Antonia/Joris Luyt/René Krikke (2009): Electric Cars. An Assessment of the Stabilization of the Electric Car in Europe Using SCOT Theory. Enschede.

Lützen, Wolf Dieter (1986): Radfahren, Motorsport, Autobesitz. Motorisierung zwischen Gebrauchswerten und Statuserwerb. In: Wolfgang Ruppert (Hrsg.): Die Arbeiter. München.

Maak, Nicklas (2012): Die kalte und die heiße Stadt. In: TU München und Bayrische Akademie der Schönen Künste (Hrsg.): Die Tradition von morgen. Architektur in München seit 1980. München.

MEW - Marx-Engels-Werke (1972): Manifest der Kommunistischen Partei. Band 4. Berlin, S. 459–493.

Merki, Christoph M. (2002): Der holprige Siegeszug des Automobils. 1895–1930. Zur Motorisierung des Straßenverkehrs in Frankreich, Deutschland und der Schweiz. Wien.

Meyers Großes Konversationslexikon (1909): 6. Aufl., 40. Bd. Leipzig und Wien.

Michelin Challenge Bibendum (2010): Mobilität morgen. Der nachhaltige Straßenverkehr der Zukunft. Paris.

Möser, Kurt (2002): Geschichte des Autos. Frankfurt/New York.

Mom, Gijs (2011): Avantgarde – Elektroautos um 1900. Vortrag im Rahmen der Reihe Auto.Mobil.Geschichte der Universität Stuttgart, am 15. Mai 2011, in Stuttgart. https://www.izkt.uni-stuttgart.de/veranstaltungen/Gijs-Mom-Eindhoven-Avantgarde.-Elektroautos-um-1900/ (Zugriff, 04.01.2025)

Mom, Gijs (2004): The Electric Vehicle. Technology and Expectations in the Automobile Age. Baltimore/London.

Mommsen, Hans (1996): Das Volkswagenwerk und seine Arbeiter im Dritten Reich. Berlin.

Öko-Institut (2011): Autos unter Strom. Ergebnisbroschüre erstellt im Rahmen des Projektes OPTUM „Umweltentlastungspotentiale von Elektrofahrzeugen Integrierte – Betrachtung von Fahrzeugnutzung und Energiewirtschaft“. Berlin.

Öko-Institut (2021): Im Fokus: Elektromobilität. https://www.oeko.de/fileadmin/oekodoc/focus/2021_Elektromobilit%C3%A4t_DE.pdf (Zugriff, 04.01.2025)

Oliver Schwedes (2025): Verkehrspolitik. Ein problemorientierter Überblick. In: Oliver Schwedes/Alexander Rammert/Kerstin Stark (Hrsg.): Handbuch Verkehrspolitik. Wiesbaden: Springer Nature.

Paluska, Joe (2008): Das Projekt Better Place. In: Fährt das Auto der Zukunft elektrisch? Dokumentation der Konferenz vom 28. April 2008 in Berlin.

Petersen, Rudolf (2011): Mobilität für morgen. In: Oliver Schwedes (Hrsg.): Verkehrspolitik. Eine interdisziplinäre Einführung. Wiesbaden, S. 411–430.

Petsch, Joachim (1982): Geschichte des Auto-Design. Köln.

Peukert, Helge (2011): Die große Finanzmarkt- und Staatsschuldenkrise. Eine kritisch-heterodoxe Untersuchung. 2. Auflage. Marburg.

Polanyi, Karl (1995/1944): The Great Transformation. Politische und ökonomische Ursprünge von Gesellschaften und Wirtschaftssystemen. Frankfurt M.

Polster, Bernd (1982): Tankstellen. Die Benzingeschichte. Berlin.

Praas, Hans-Walter. (2008): Technologische Grundlagen moderner Batteriesysteme, Basiswissen Batterie, Vortrag TAE Workshop. Esslingen.

Prahalad, C.K./M.S.Krishnan (2008): The new age of innovation. New York.

Princen, Thomas (2005): The Logic of Sufficiency. Cambridge(Massachusetts)/London.

Radkau, Joachim (2011): Die Ära der Ökologie. Eine Weltgeschichte. München.

Rammert, Werner (1990): Telefon und Kommunikationskultur. Akzeptanz und Diffusion einer Technik im Vier-Länder-Vergleich. In: Kölner Zeitschrift für Soziologie und Sozialpsychologie 42, S. 20–40.

Rammert, Werner (2000): Technik aus soziologischer Perspektive 2. Kultur – Innovation – Virtualität. Wiesbaden.

Rogers, Everett M. (2003): Diffusion of Innovations. New York.

Ruppert, Wolfgang (1993): Das Auto. Herrschaft über Raum und Zeit. In: Wolfgang Ruppert (Hrsg.): Fahrrad, Auto, Fernsehschrank: Zur Kulturgeschichte der Alltagsdinge. Frankfurt M.

Ruppert, Wolfgang (1998): Der moderne Künstler. Zur Sozial- und Kulturgeschichte der kreativen Individualität in der kulturellen Moderne im 19. und frühen 20. Jahrhundert. Frankfurt M.

Sachs, Wolfgang (1990): Die Liebe zum Automobil. Ein Rückblick in die Geschichte unserer Wünsche. Reinbek bei Hamburg.

Schäfer, Martina / Sebastian Bamberg (2008): Breaking Habits: Linking Sustainable Consumption Campaigns to Sensitive Life Events. Proceedings: Sustainable Consumption and Production: Framework for Action. Conference of the Sustainable Consumption Research Exchange (SCORE!) Network, supported by the EU's 6th Framework Programme. Brüssel.

Scheer, Hermann (2010): Der Energethische Imperativ. 100 % jetzt: Wie der vollständige Wechsel zu erneuerbaren Energien zu realisieren ist. München.

Schier, Michael (2010): Überblick über Elektroantriebe, Workshop FVEE, 20.01.2010, Ulm, Institut für Fahrzeugkonzepte des DLR in Stuttgart.

Schindler, Jörg/Martin Held/Gerd Würdemann (2009): Postfossile Mobilität. Wegweiser für die Zeit nach dem Peak Oil. Bad Homburg.

Schivelbusch, Wolfgang (1977): Geschichte der Eisenbahnreise. Zur Industrialisierung von Raum und Zeit im 19. Jahrhundert. München/Wien.

Schlager, Katja (2010): Kundenerwartungen an die Elektromobilität, Anwenderforum MobiliTec, 20. April 2010, Hannover Messe, Institut für Transportation Design (ITD) Braunschweig.

Schmucki, Barbara (2001): Der Traum vom Verkehrsfluss. Städtische Verkehrsplanungseit 1945 im deutsch-deutschen Vergleich. Frankfurt/New York.

Schrader, Haltwart/Dominique Pascal (1999): Renault – Vom R4 zum Kangoo. Stuttgart.

Schumann, Eric (1981): Vom Dampfwagen zum Auto. Motorisierung des Verkehrs. Reinbeck.

Schumpeter, Joseph A. (1950/1942): Kapitalismus, Sozialismus und Demokratie. Tübingen.

Schwedes, Oliver (2020): Grundlagen der Verkehrspolitik und die Verkehrswende. In: Jörg Radtke & Weert Canzler (Hrsg.): Energiewende. Eine sozialwissenschaftliche Einführung. Wiesbaden, S. 193–220.

Schwedes, Oliver (2022): Urban Mobility in a Global Perspective. An international comparison oft he possibitities and limits of integrated transport policy and planning. Berlin.

Schwedes, Oliver (2018): Steuerungsdefizite im Politikfeld Verkehr: Das Beispiel Elektroverkehr. In: Der moderne Staat, Heft 1, S. 79–95.

Schwedes, Oliver (2021): Verkehr im Kapitalismus. Bielefeld.

Schwedes, Oliver / Alexander Rammert / Stephan Daubitz / Maximilian Hoor (2023): Mobilität und Verkehr. Grundlegende Begriffe der Verkehrsplanung im Spannungsfeld zwischen Politik und Gesellschaft. Berlin.

Schwedes, Oliver / Roman Ringwald (2021): Daseinsvorsorge und Öffentliche Mobilität: Die Rolle des Gewährleistungsstaats. In: Oliver Schwedes (Hrsg.): Öffentliche Mobilität. Voraussetzungen für eine menschengerechte Verkehrsplanung. Wiesbaden. https://doi.org/10.1007/978-3-658-32106-2.

Schwedes, Oliver / Stefanie Kettner / Benjamin Tiedtke (2011): Elektromobilität – Hoffnungsträger oder Luftschloss. Eine akteurszentrierte Diskursanalyse über die Elektromobilität 1990 bis 2010. https://www.static.tu.berlin/fileadmin/www/10002265/Forschung/PDFs/Abgeschlossene_Projekte/emobility/Ergebnisbericht_Diskursanalyse_Dez_2011.pdf (Zugriff, 04.01.2025)

Sennet, Richard (1991): Civitas. Die Großstadt und die Kultur des Unterschieds. Frankfurt M.

Simmel, Georg (1903): Die Großstädte und das Geistesleben. In: Die Großstadt. Vorträge und Aufsätze zur Städteausstellung. Dresden.

Statista (2025): Anzahl der Neuzulassungen von Elektroautos in Deutschland von 2003 bis Dezember 2024. https://de.statista.com/statistik/daten/studie/244000/umfrage/neuzulassungen-von-elektroautos-in-deutschland/ (Zugriff, 04.01.2024)

Steffen, Katharina (1990): Übergangsrituale einer automobilen Gesellschaft. Frankfurt M.

Stengel, Oliver (2011): Suffizienz. Die Konsumgesellschaft in der ökologischen Krise. München.

Sternkopf, Benjamin/Felix Nowack (2016): Lobbying: Zum Verhältnis von Wirtschaftsinteressen und Verkehrspolitik. In: Schwedes, Oliver/Weert Canzler/Andreas Knie (Hrsg.): Handbuch Verkehrspolitik. Wiesbaden, S. 381–399.

Stommer, Rainer ((Hrsg.) (1980): Reichsautobahn. Pyramiden des Dritten Reiches. Analysen zur Ästhetik eines unbewältigten Mythos. Marburg.

Sven Hausigke & Oliver Schwedes (2024): Politics and administration in support of transformation for sustainable mobility: a case study of the municipality Berlin–Pankow. In: Discover Sustainability, Volume 5, article number 483. https://doi.org/10.1007/s43621-024-00683-8

Thomson, Anthony (2010): Commercial development and deployment of wireless inductive power transfer. International Symposium of Futuristic Electric Vehicle, Seoul, Korea, 5. April 2010.

Tooze, Adam (2018): How a Decade of Financial Crisis Changed the World. London.

Tully, Claus J. (2003): Mensch – Maschine – Megabyte. Technik in der Alltagskultur: Eine sozialwissenschaftliche Hinführung. Lehrtexte Soziologie. Opladen.

UBA – Umweltbundesamt (2024): Analyse der Umweltbilanz von Kraftfahrzeugen mit alternativen Antrieben oder Kraftstoffen auf dem Weg zu einem treibhausgasneutralen Verkehr. Texte 13. Dessau-Roßlau.

UBA – Umweltbundesamt (2020): Klimaschutz durch Tempolimet. Wirkung eines generellen Tempolimits auf Bundesautobahnen auf die Treibhausgasemissionen, Texte 38. Dessau-Roßlau. https://www.umweltbundesamt.de/sites/default/files/medien/1410/publikationen/2020-06-15_texte_38-2020_wirkung-tempolimit_bf.pdf (Zugriff, 04.01.2025)

UBA – Umweltbundesamt (2021): Umweltschädliche Subventionen in Deutschland. https://www.umweltbundesamt.de/sites/default/files/medien/479/publikationen/texte_143-2021_umweltschaedliche_subventionen.pdf (Zugriff, 04.01.2025). Dessau-Roßlau.

Veblen, Thorstein (1986): Theorie der feinen Leute. Eine ökonomische Untersuchung der Institutionen. Frankfurt M.

Vester, Frederic (1990): Ausfahrt Zukunft. Strategien für den Verkehr von morgen. Eine Systemuntersuchung. München.

Viamotors (2012): https://www.worktruckonline.com/80967/via-motors-riding-high-with-ntea-work-truck-show-2012-green-award (Zugriff, 04.01.2024)

Voy, Carsten (1996): Erprobung von Elektrofahrzeugen der neuesten Generation auf der Insel Rügen und Energieversorgung für Elektrofahrzeuge durch Solarenergie und Stromtankstellen. Abschlussbericht, Förderkennzeichen TV 9225 und 0329376A. Braunschweig.

Wallentowitz, Henning/Arndt Freialdenhoven (2011): Strategien zur Elektrifizierung des Antriebsstranges. Wiesbaden.

Wallentowitz, Henning (2010): Vom Statussymbol zum Gebrauchsgegenstand. In: Antonio Schnieder/Tom Sommerlatte (Hrsg): Die Zukunft der deutschen Wirtschaft. Visionen für 2030. Erlangen.

Wallentowitz, Henning/Arndt Freialdenhoven/Ingo Olschewski: Strategien zur Elektrifizierung des Antriebstranges, Technologien, Märkte, Implikationen. Wiesbaden 2010

Warnstorf Berdelsmann (2012): Trendstudie Elektromobilität 2012. Hann. Münden/Bremerhafen.

Weh, Herbert (1974): Problematik der Energiespeicher und des elektrischen Antriebs. TU Braunschweig.

Welzer, Harald (2011): Mentale Infrastrukturen: Wie das Wachstum in die Welt und in die Seelen kam. Schriftenreihe Ökologie der Heinrich-Böll-Stiftung, Band 14. Berlin.

Weizsäcker, Ernst Ulrich von /Karlson Hargroves/Michael Smith (2010): Faktor Fünf: Die Formel für nachhaltiges Wachstum. München.

Weyer, Johannes (1997): Vernetzte Innovationen – innovative Netzwerke. Airbus, Personal Computer, Transrapid. In: Werner Rammert/Gotthard Bechmann (Hrsg.): Technik und Gesellschaft. Jahrbuch 9, Innovation: Prozesse, Produkte, Politik. Frankfurt/M., S. 125–152.

WI – Worldwatch Institute (2012): Vital Signs 2012. Washington.

Wietschel, Martin/Elisabeth Dütschke/Simon Funke/Anja Peters/Patrick Plötz/Uta Schneider/Anette Roser/Joachim Globisch (2012): Kaufpotentiale für Elektrofahrzeuge bei sogenannten „Early Adoptern". Studie des Fraunhofer Institutes für System- und Innovationsforschung im Auftrag des Bundesministeriums für Wirtschaft und Technologie (BMWi). Karlsruhe.

Wietschel, Martin/David Dallinger/Claus Doll/Till Gnann/Michael Held/Fabian Kley/Christian Lerch/Frank Marscheider-Weidemann/Katharina

Mattes/Anja Peters/Patrick Plötz/Marcus Schröter (2011): Gesellschaftspolitische Fragestellungen der Elektromobilität, Studie des Fraunhofer Institutes für System und Innovationsforschung im Rahmen der Fraunhofer Systemforschung Elektromobilität. Gefördert vom Bundesministerium für Bildung und Forschung. Karlsruhe.

Wilke, Georg (2002): Neue Mobilitätsdienstleistungen und Alltagspraxis, Wuppertal Papers 127. Wuppertal.

Zeller Reiner (Hrsg.) (1986): Das Automobil in der Kunst 1886 bis 1986. München.

ZF-Sachs: https://aftermarket.zf.com/de/aftermarket-portal/unsere-marken/sachs/ (Zugriff, 04.01.2025)

Zeitungs- und Zeitschriftenartikel

ADAC Motorwelt, Heft 9, September 2012, Die Wut am Steuer

Auto Motor und Sport, Heft 13, 2012, Des einen Freud, des anderen Light

Der Spiegel, 26.04.1999, Energie der Moderne

Der Spiegel, 08.07.1991, Kommt das Öko-Auto?

Design Report, Heft 3, 2012, Für morgen denken

Frankfurter Allgemeine Zeitung, 12. Januar 2012, Das Leben, vom Tode her gedacht

Frankfurter Rundschau, 06.05.1995, Elektrische Leihmobile gegen die Parkraumnot

Frankfurter Rundschau, 11.05.1996, Zink-Luft-System im Test

Manager Magazin, 10.01.2018, Auto-Bosse sagen Scheitern des Elektroautos voraus

Manager Magazin, 11.03.2020, Die Brandrede von VW-Chef Herbert Diess im Wortlaut

Motor Klassik, Heft 7, 2011, Marie und Jeannette

Süddeutsche Zeitung, 15. Februar 2010, „Man bekommt nicht 700 Millionen Dollar für ein Lächeln"

Süddeutsche Zeitung, 13. Oktober 2012, Batterie leer

Süddeutsche Zeitung, 12./13. Januar 2013, Strom aufwärts

Süddeutsche Zeitung, 06.03.2020, Rückkehr der Patriarchen

Zusätzliche Literaturangaben

Herges, Peter: Verfahren und Vorrichtung zur Lichtbogenerkennung, Europäische Patentschrift EP 3 161 918 B1, Anmeldung 15.6.2015

Inoue, E.: Traction Drive Speed Reducer for high speed traction motor Konferenz „International Automotive Congress 2019", Shanghai, veranstaltet von Vogel Media, Dezember 2019

N.N.: Energiespeicher-Roadmap (update 2017), Hochenergie-Batterien 2030+ und

Perspektiven zukünftiger Batterietechnologien. Fraunhofer-Institut für System- und Innovationsforschung ISI (2017)

Thielmann, Axel/Martin Wietschel/Simon Funke/Anna Grimm/Tim Hettesheimer/Sabine Langkau/Antonia Loibl/Cornelius Moll/Christoph Neef/Patrick Plötz/Luisa Sievers/Luis Tercero Espinoza/Jakob Edler: Batterien für Elektroautos: Faktencheck und Handlungsbedarf. Fraunhofer-Institut für System- und Innovationsforschung ISI (2020)

Wallentowitz, Henning/Arndt Freialdenhoven/Ingo Olschewski: Strategien zur Elektrifizierung des Antriebstranges, Technologien, Märkte, Implikationen. Wiesbaden 2010

MIX
Papier aus verantwortungsvollen Quellen
Paper from responsible sources
FSC® C105338

If you have any concerns about our products,
you can contact us on
ProductSafety@springernature.com

In case Publisher is established outside the EU,
the EU authorized representative is:
Springer Nature Customer Service Center GmbH
Europaplatz 3, 69115 Heidelberg, Germany

Printed by Libri Plureos GmbH
in Hamburg, Germany